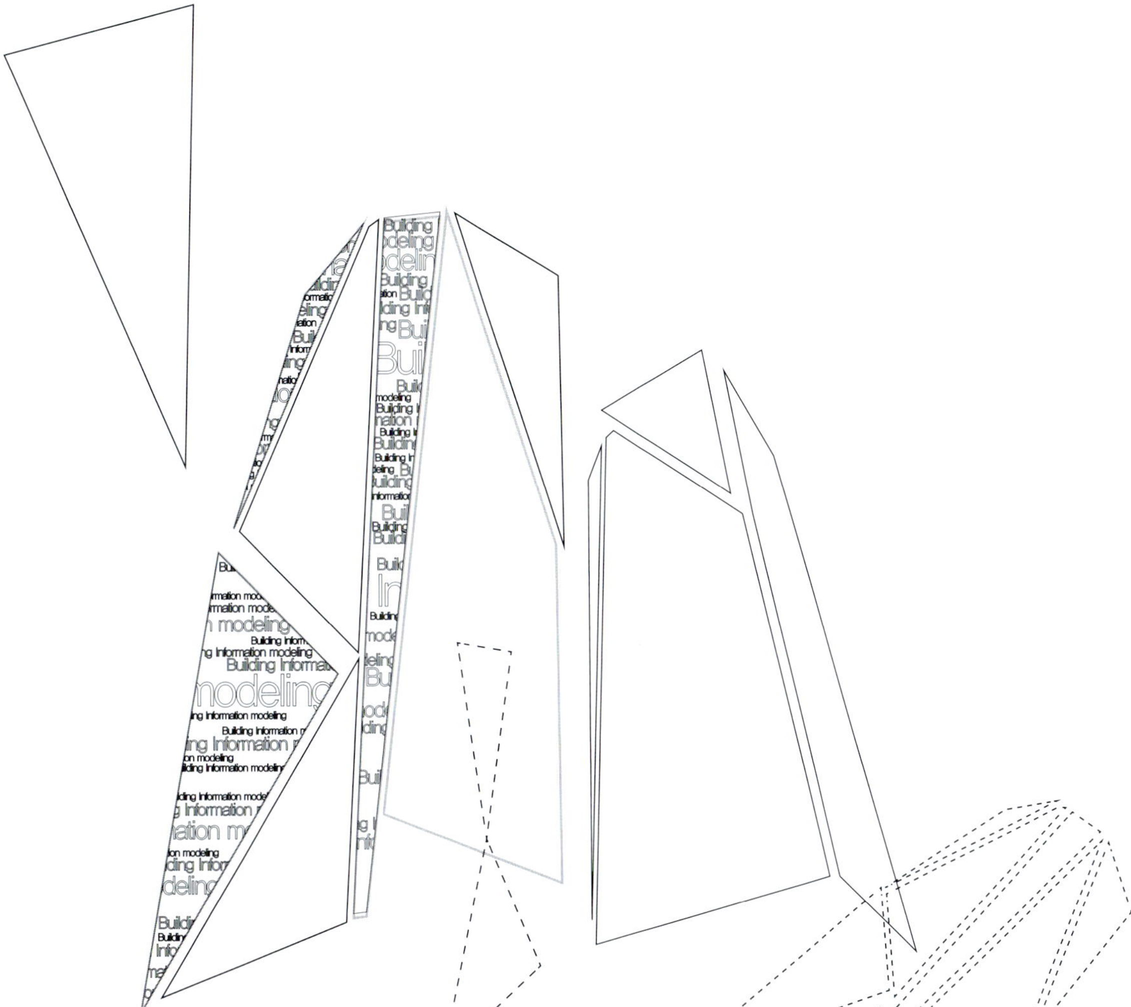

BIM in Practice

실무에서의 BIM

posco
포스코건설

세진사

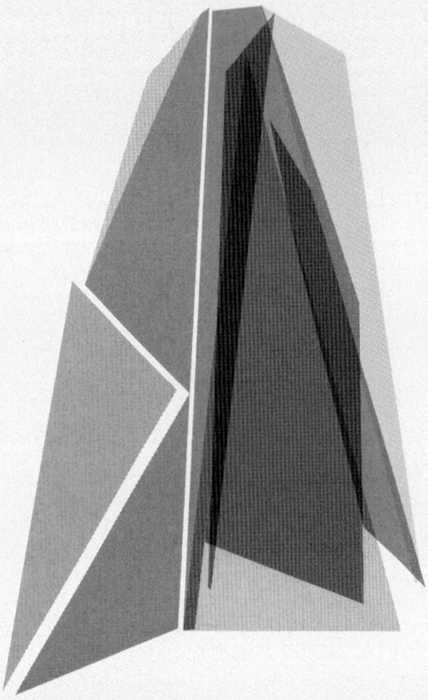

발간사

BIM은 건설산업 변화의 중심에 서 있습니다. 그동안 국내에서 건설산업은 저효율의 노동집약적 산업으로 인식되어 왔습니다. 건설산업이 고부가가치 산업으로 변화하기 위해서는 IT기술, 특히 BIM(Building Information Modeling)과의 융복합이 필요합니다.

오늘날 점점 더 대형화, 초고층화, 비정형화되는 건축물을 짓기 위해서는 새로운 건설 프로세스가 요구되고 있습니다. 설계단계부터 수많은 공사참여자의 의사소통(Communication)을 혁신적으로 높일 수 있는 방법이 필요합니다. 그것이 바로 BIM입니다.

또한, 기존 건설사의 시공 위주 업무에서 벗어나 기획, 설계, 엔지니어링, 유지보수(O&M)에 이르기까지 그 영역을 넓히기 위해서는 건설 전체 과정의 정보를 공유할 수 있는 개방형 BIM과 같은 통합 관리 프로세스가 요구되고 있습니다. 향후 BIM 기술을 어떻게 활용하는가에 따라 국내 건설산업이 글로벌 수준의 건설경쟁력을 갖출 수 있느냐 없느냐의 핵심이 될 것이라 믿어 의심치 않습니다.

이에 2007년부터 2013년 현재까지 수행중인 BIM 프로젝트 중 우수사례를 모아 책으로 엮어 내게 되었습니다. 이 책에서는 BIM을 활용한 도면 정합성을 검토한 사례, 비정형 건축물의 시공사례, 시공상세도에 적용한 사례 등을 포함하고 있습니다. 그리고 아직까지는 국내현장에서 적용이 생소한 4D(공정) 및 5D(견적) BIM을 수행한 몇몇 프로젝트 사례도 다루고 있습니다. 끝으로 향후 BIM과 융복합한 공업화 건설의 미래까지 그렸습니다. 이 책이 건설인 상호간 BIM 기술 공유의 길잡이가 되고, 나아가 건설기술발전에 보탬이 되었으면 합니다.

마지막으로 어려운 여건 속에서도 BIM 프로젝트를 수행해 주신 현장에서 일하시는 분들과 책의 집필에 참여해 주신 분들, 그리고 흔쾌히 감수에 응해 주신 국내 BIM 기술 보급 및 활성화의 대표기관인 (사)빌딩스마트협회 관련 전문가 여러분께 진심 어린 감사의 뜻을 표합니다.

2013년 4월

포스코건설 건축사업본부 본부장
한국건축시공학회 부회장
시대복

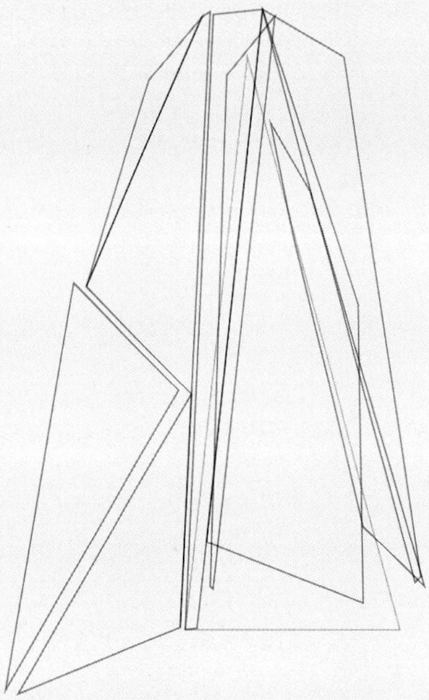

머리말

국내에 BIM이 본격적으로 소개된 지 몇 년 지나지 않아 건설산업 전반에 급속도로 퍼지고 있습니다. 초반에는 BIM이 무엇인가(What)란 질문을 많이 들었지만, 요즘엔 BIM을 어떻게 활용하는지(How)에 대한 질문을 많이 듣고 있습니다. 그만큼 이제는 BIM에 대한 관심이 단순한 궁금증을 넘어 실무단계까지 이르렀다고 할 수 있습니다.

BIM이 건설의 전반적인 부분까지 다루다 보니 발주자, 설계자, 시공자에 따라 BIM 활용방법이 다르다고 할 수 있습니다. 발주자는 건물의 유지관리에, 설계자는 도면 및 설계에, 시공자는 공정과 견적부분에 활용하려고 합니다.

이 책에서는 건설사가 BIM을 어떻게 활용하고 있는지에 대한 내용을 담고 있습니다. 건설사에서는 초기 BIM을 단순히 2D 도면을 3D 모델링화하여 간섭 검토하는 정도로 한정하였으나, 점차 4D(공정)과 5D(견적), nD(에너지분석 및 유지관리)로 그 범위를 넓히고 있습니다.

그러나 국내에서는 아직 BIM 사례에 대한 내용이 해외보다 부족하기 때문에 건설사마다 BIM을 도입하는 데 어려움이 있습니다. 따라서 이 책을 통해 BIM에 대한 현장경험을 공유하고 건설산업의 발전에 많은 도움이 되었으면 합니다.

BIM이 건설현장에 확산되고 그 적용을 높이기 위해 가장 필요한 것은 창의적인 상상력이라고 생각합니다. 지금까지 관행적으로 당연시 여겨왔던 일을 다시 한 번 살펴보고 BIM을 활용함으로써, 이익이 되는 면이 무엇인지 생각해 보아야 합니다. 그리고 이를 적극적으로 적용하려는 발전적인 태도가 필요합니다.

그동안 BIM이 국내에 정착되도록 노력해 주신 전문가 여러분과 이 책이 나오는 데 아낌없이 노력을 해 주신 포스코건설 관계자 분들께 깊은 감사의 뜻을 표합니다.

2013년 4월

경희대학교 건축학과 교수
(사)빌딩스마트협회 수석부회장
김인한

차례

제1장 BIM 이론과 상식

1_BIM 개요 12

1. BIM의 개념 12
2. BIM의 역사 15

2_BIM의 오해와 진실 17

1. BIM의 오해 17
2. BIM의 진실 20

3_BIM 관련 기술 22

1. 3D 객체(Object) 모델링 22
2. 간섭체크 및 검토 23
3. 4D(공정관리, 공법 시뮬레이션) 23
4. 5D(수량산출, 견적, 일정/비용 통합관리) 25
5. 친환경 시뮬레이션 27
6. 유지관리 28
7. 공종별 BIM 기술 28
8. 기타 BIM 29

4_BIM 기반 협업과 정보교환 30

1. 개요 30
2. BIM 기반 프로젝트 운영 32
3. BIM 기반 정보교환 34

제2장 건설사의 BIM 도입 전략

1_BIM 도입 배경 42

1. 건설산업의 수주 환경변화 42
2. 업무의 효율성 향상 45

2_BIM 도입 전략 47

1. 해외 건설사의 BIM 도입 전략 47
2. 국내 건설사의 BIM 도입 전략 50

3_BIM 업무프로세스 수립 53

1. 국내외 BIM 업무 프로세스 수립 현황 53
2. 국내 건설사 BIM 업무 프로세스 수립 사례 54
3. 국내 건설사 BIM 세부 업무 프로세스 수립 사례 63

4_BIM 인프라 구축 72
1. 인프라의 필요성 72
2. BIM 인프라 구축 사례 73

제3장 BIM 프로젝트 수행 사례와 시사점

1_해외 BIM 프로젝트 사례 분석 84

2_BIM의 전환설계를 통한 시공성 검토 87
1. 인천 아트센터 문화단지 프로젝트 87
2. 경기도 남양주시 별내 더샵 공동주택 프로젝트 91
3. 00청사 1-2구역 프로젝트 95

3_BIM 기반 비정형 건축물 시공 99
1. 트라이볼 프로젝트 100
2. 수행 내용 102
3. 효과 108

4_MEP 분야의 BIM 적용 110
1. 개요 110
2. 수행 내용 111
3. 효과 115

5_4D(공정) 및 5D(견적) 117
1. 인천 아트센터 문화단지 프로젝트 117
2. 경기도 남양주시 별내 더샵 공동주택 프로젝트 123
3. 00청사 1-2구역 프로젝트 127

6_BIM의 ROI(Return On Investment) 135
1. ROI의 의미 135
2. BIM의 ROI 사례 136

제4장 BIM을 넘어서

1_실무에서의 BIM 144

2_BIM 기술의 융합과 확장 146
1. 디지털 목업(DMU) 147
2. 3D 프린터 148

3. 시각적 공정관리 148
4. 에너지 시뮬레이션 150
5. 스마트 디바이스 151
6. 측량기기 152

3_BIM의 미래 방향 154

제5장 부록

1_포스코건설 BIM 프로젝트 사례 162

1. 포스코 이엔씨타워 163
2. 트라이볼 164
3. 한성백제박물관 165
4. 송도 센트럴파크 II 166
5. 포스코 글로벌 R&D 센터 167
6. 인천 아트센터 문화단지 168
7. 남양주 별내 더샵 공동주택 169
8. OO청사 1-2구역 170
9. 판교 엔 스퀘어 1단계 171
10. 그린빌딩 172
11. 내곡지구 1단지 공동주택 프로젝트 173

2_BIM 소프트웨어의 종류와 특징 174

1. 설계 174
2. 기획 175
3. 렌더링 176
4. 간섭체크 177
5. 피난/배연 시뮬레이션 177
6. 4D 시뮬레이션 178
7. 5D 수량 산출 및 견적 179
8. 친환경 분석 180
9. 구조 해석 181
10. 구조 모델링 182
11. MEP 183
12. 토목 엔지니어링 184
13. 유지관리 185

참고문헌 187

BIM(Building Information Modeling)이란 용어는 학자, 책, 논문 등에 따라 다양하게 정의하고 있다. 어떤 이는 BIM을 ArchiCAD, Digital Project, MicroStation, Revit 등과 같은 소프트웨어의 사용이라고도 하고, 다른 이들은 3D CAD를 활용한 건설 프로젝트 수행 프로세스 또는 건설 산업 환경의 혁신(Paradigm Shift)이라고도 한다.(Jernigan, 2007)

이러한 정의는 맞기도 하고, 어떤 특정 상황에서는 틀리기도 하다. 즉, BIM이란 용어는 아직까지 사용하는 사람의 견해, 입장, 처한 환경 등에 따라 다양하게 정의될 수 있으며, BIM을 보다 잘 이해하고 활용하기 위해서는 각 상황(Context)에 맞는 이해가 필요하다.

따라서 본 장에서는

1. BIM 개요
2. BIM 오해와 진실
3. BIM 관련 기술
4. BIM 기반 협업과 정보교환

의 내용으로, 'BIM이란 무엇인가'에 대한 이해를 도울 수 있도록 기술하였다.

제 1 장

BIM 이론과 상식

BIM이란 무엇인가에 대한
이해를 목표로...

1 BIM 개요

1. BIM의 개념

BIM(Building Information Modeling; 이하 BIM)은 한국[1]을 포함한 미국, 호주 등 각 국가의 BIM 지침서뿐만 아니라 미국 건축가 협회, 미국 건설사 협회 등의 협회/단체, 미국 CIFE와 같은 연구기관, 그리고 오토데스크, 벤틀리, 그래피소프트 등의 BIM 소프트웨어 벤더(Vender)들에 의해 다양하게 정의되고 있다.

[표 1-1]과 같이 BIM의 정의들에서 사용되는 개념들은 다양하다. 하지만 이러한 정의들에서 사용되는 개념들을 분류하여 정리하면, BIM을 정의하는 국가, 기관, 소프트웨어 벤더 등의 특성 및 BIM을 활용하는 목적에 따라 약간의 차이는 있으나 공통된 흐름이 있다는 것을 알 수 있다.

1 한국 국토교통부의 「BIM 적용 가이드(2010)」에서는 BIM을 '건축, 토목, 플랜트를 포함한 건설 전 분야에서 시설물 객체의 물리적 혹은 기능적 특성에 의해 시설물 수명주기 동안 의사결정을 하는 데 신뢰할 수 있는 근거를 제공하는 디지털 모델과 그 작성을 위한 업무 절차를 포함해 지칭함'으로 정의하고 있다.

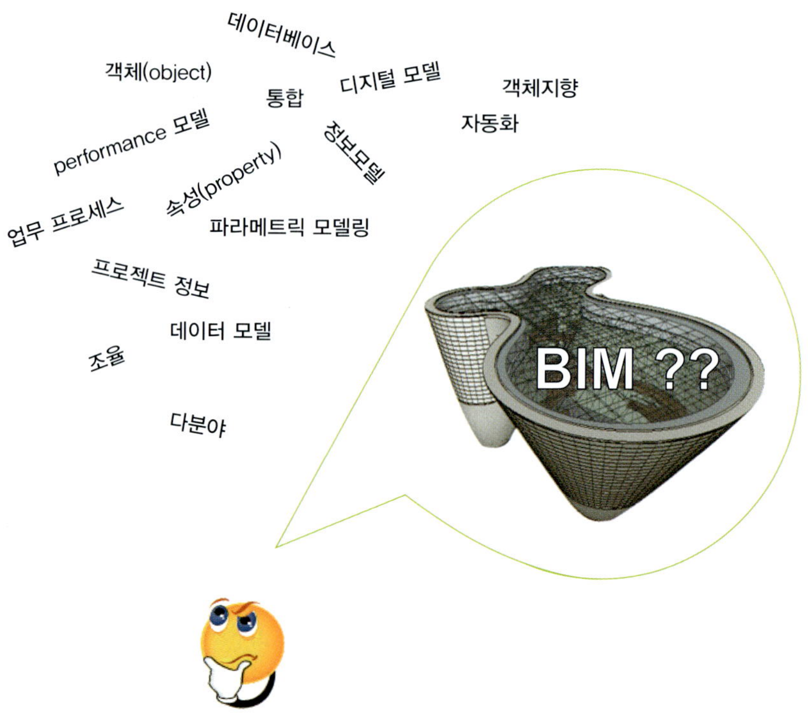

[그림 1-1] BIM의 다양한 개념

[표 1-1] BIM 정의에 사용된 핵심어

기관	핵심어(Keywords)
조달청(한국)	• 시설물 객체 • 물리적 또는 기능적 특성 • 생애주기 • 의사 결정 • 디지털 모델 • 업무 절차
GSA(미국) (General Service Administration)	• 다분야 [공종](Multi-faceted) • 데이터 모델(Data model)
CRCs(호주) (Cooperative Research Centers)	• 3차원 • 정보 모델(Information model) • 속성(Property)
미국 건축가 협회 (AIA: The American Institute of Architects)	• 모델 기반 기술(Model-based technology) • 프로젝트 정보(Project information) • 데이터베이스(Database)
미국 건설사 협회 (AGC: The Associated General Contractors)	• 객체 지향(Object-oriented) • 건설 개발 도구(Building development tool) • 커뮤니케이션(Communication) • 생애주기(Life-cycle) • 활용기술 - 5D, IT, 소프트웨어 호환성(Interoperability)
미국 CIFE(Stanford University's Center for Integrated Facility Engineering)	• 가상 디자인/시공(VDC; Virtual Design and Construction) • 다분야 [공종], 조직(Multi-disciplinary, Organization) • 시설물/생산품(Facilities/Product) • 업무 프로세스(Work processes)
오토데스크(Autodesk)	• 통합(Integration) • 조율(Coordination) • 데이터베이스(Database) • 정보(Information)
벤틀리(Bentley)	• 자동화[도면화, 리포팅](Automation-drawing, reporting) • 조율(Coordination) • 커스트마이제이션(Customization)
그래피소프트(Graphisoft)	• 프로젝트 정보(Project data) • 가상건설(Virtual construction)

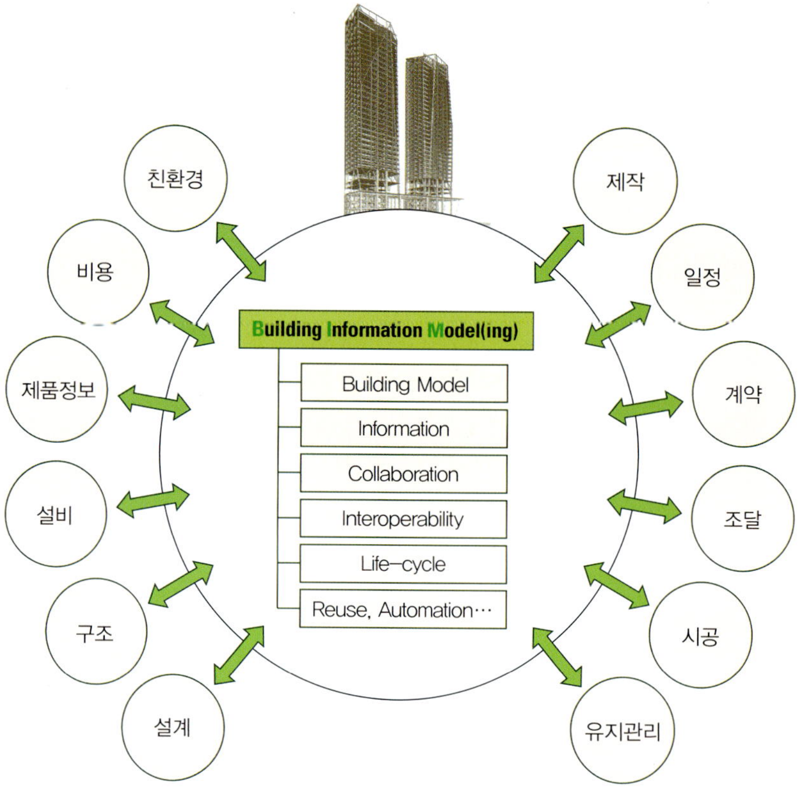

[그림 1-2] BIM 개념도

이러한 공통 사항을 정리하면, BIM은 프로젝트의 생애주기 동안 3D 기반 기술과 정보모델을 활용하여 프로젝트와 관련된 정보를 참여자들 간에 생성·교환·공유·활용하는 행위 또는 기술을 의미한다는 것을 알 수 있다.

BIM의 개념은 현재 미국 조지아 공대 교수이자, BIM 핸드북의 저자인 이스트만 교수가 1975년 제안한 Building Description System이라는 개념에서 유래했다고 일반적으로 받아들여지고 있다. 이강(2011) 하지만 BIM은 1975년부터 기술적으로 구현이 가능했다고 하기보다는 2D CAD에서 BIM으로 발전하는 과정으로 보면 명확한 이해가 가능할 것이다.

2. BIM의 역사

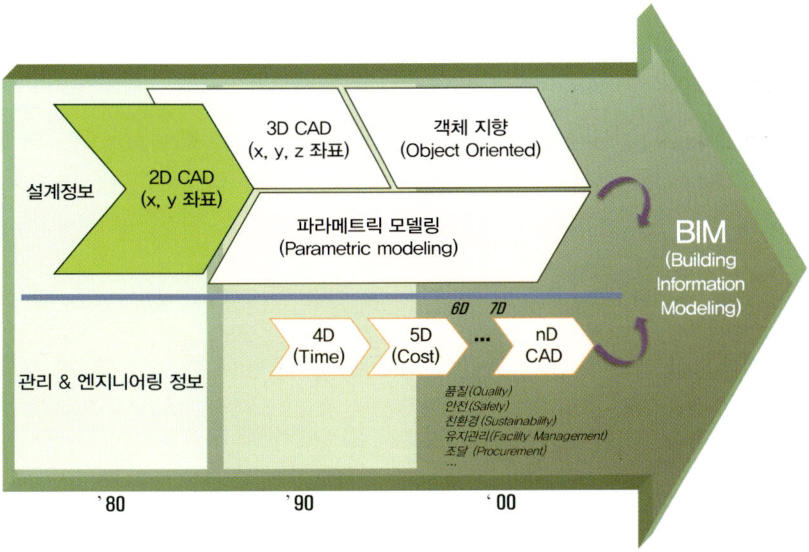

[그림 1-3] CAD의 발전역사(진상윤, 2007)

CAD의 발전 역사를 살펴보면, 3D 기반 BIM[2] 기술은 과거 도면을 수작업으로 그리던 것에서 컴퓨터를 이용하여 설계한 2D CAD(Computer Aided Design)로 발전되었고, 1980년대 이후부터는 건축물의 형상을 그대로 표현하기 위해 z축을 추가한 3D CAD가 출현하였다. 또한, 단순한 점, 선, 면 등 기하학 정보의 집합이 아닌 벽, 기둥 등의 해당 객체를 이용한 모델링(Object-oriented)과 파라미터(parameter; 속성, 이하 파라미터)와 파라미터 간의 규칙을 이용하여 객체를 보다 쉽게 그릴 수 있는 기술 등이 나타나기 시작했다.

이러한 CAD의 발전으로 인해 3D 객체가 단순한 형상을 표현하는 것 이외에 다양한 정보를 담을 수 있게 됨으로써, 기존의 건설 프로젝트의 주요 관리 분야인 공정(Time), 비용(Cost), 품질(Quality), 안전(Safety) 등으로 BIM의 영역확장이 시도되었다. 그 결과로 3D 객체와 공정을 연계한 4D[3D+Time], 3D 객체의 형상 정보로부터 수량을 추출하고 내역 항목과 연계한 5D[3D+Cost 또는 4D+Cost], 그리고 에너지/환경/품질/안전/유지관리 등과 결합된 nD로 기술이 발전하였다. 현재 쓰이고 있는 BIM이라는 용어는 이러한 모든 기술을 포괄하는 개념으로 사용되고 있다.

[2] x, y, z 축 기반의 3D CAD 또는 조감도 등에서 활용되던 기존의 형상 중심 CG(Computer Graphic) 등과 같은 기존 기술과는 달리, BIM에서 다루는 3D는 단순한 형상뿐만 아닌, 각 객체별로 사용자가 정의한 속성 정보를 가지고 있고, 이를 통해 다양한 형태의 정보 생성/교환/활용 등이 가능하다.

[표 1-2] CAD의 발전역사에 따른 주요 특징

구분	정의	특징
2D CAD 	• Computer Aided Design의 약어로 과거 수작업으로 작도했던 2차원 도면(x, y 좌표 기반)을 컴퓨터를 이용하여 설계하는 시스템	• 기계산업 분야를 중심으로 먼저 적용되기 시작하였고, 현재까지 보완 되고 있음. • 사용자가 도면정보 사용 시 2D로 표현된 정보를 3차원 공간으로 인식/해석하는 과정 필요
3D CAD 	• x, y 좌표에 z축을 추가하여, 3차원 형상을 모델링하는 CAD • 표현 방식: Solid, Wire Frame, Surface로 구분	• 객체의 재질, 규격, 수량 등 속성정보는 포함하지 않고 객체의 형상정보만을 표현 • 현대의 객체 중심 파라메트릭의 시초
Parametric and Object-oriented Modeling 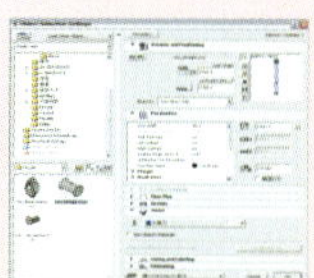	• 객체의 속성인 파라미터와 파라미터 간의 규칙을 이용하여 객체를 형상화 하는 시스템 • 단순한 기하학 정보의 집합(점, 선, 면 등)이 아닌 객체의 정의(예: 벽, 기둥 등)를 통해 해당 객체를 이용하여 모델링 수행	• 현재 사용 중인 BIM 모델링도구의 기반 시스템으로 BIM 소프트웨어와 다른 3D CAD 시스템을 구분 짓는 주요 기술 • 객체의 형상정보와 속성정보(재료, 수량 등)를 포함 • 복잡한 형상의 모델링이 가능하고 객체의 속성들은 분석, 비용 예측등의 목적으로 타 소프트웨어들과 호환이 가능
4D 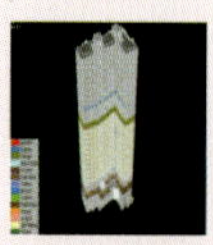	• 3D + Time(시간) • BIM(3D) 기반 공정 관리	• 객체의 3D 형상에 시간의 개념을 추가시킨 것으로 프로젝트의 각 시공단계 모습을 시뮬레이션을 통해 시각화 분석이 가능 • 모델과 공정계획 정보가 결합
5D 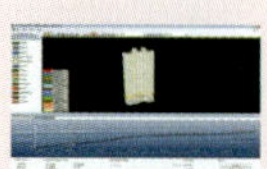	• 3D + Cost (비용) 또는 4D + Cost (비용)	• 객체의 3D 형상에 수량, 비용의 개념을 추가시킨 것으로 수량 정보를 이용하여 자동견적이 가능 • 모델과 공정계획, 수량정보가 결합시 BIM(3D) 기반 견적 또는 일정/비용 통합 관리(EVMS; Earned Value Management System)
nD 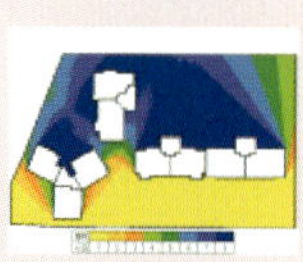	• 5D 이후, 에너지/환경/품질/안전/유지관리 등의 요소들이 결합된 개념으로, 6D, 7D 등으로 불리기도 하나, 현재는 주로 nD라는 명칭 사용	• BIM을 활용하여 얻을 수 있는 추가적인 엔지니어링 분석 등에 활용 예: 설계 초기단계에 BIM으로 Energy Analysis 수행

BIM의 오해와 진실 2

1. BIM의 오해

BIM은 2000년 대 초반까지 미국, 유럽 등 BIM 분야 선진국을 중심으로 BIM과 유사한 개념들인 Virtual construction, Architectural information modeling, Building information model/modeling/management[3], Building life-cycle Management, Intelligent CAD, nD CAD 등이 혼재되어 연구 또는 사용되어 왔다. 2000년대 이후 BIM 소프트웨어 및 컴퓨터 성능의 향상 등에 힘입어 미국, 덴마크, 핀란드, 영국, 독일 등 주요 선진국들의 BIM 적용 의무화, SOM(미국) 등과 같은 설계사의 BIM 도입, 그리고 Turner(미국), Skanska(스웨덴), YIT(핀란드), MaxBogl(독일) 등과 같은 건설사의 BIM 도입의 순서로 몇십 년에 걸쳐 확산, 보급되어 왔다.

[3] BIM의 약어 중 M에 대해 Model, Modeling, Manage-ment 등이 혼재되어 사용되곤 하는데, 여기서 Model로 정의되는 BIM은 생성된 결과물의 의미가 강하고, Modeling 및 Manage-ment 로 정의되는 BIM은 정보의 생성, 분배, 활용 과정을 포함한 행위의 의미가 강조된 용어이다. 현재 Building Information Modeling이라는 용어가 가장 널리 통용되고 있다.

이와 같이 해외에서는 충분한 시간을 가지고 BIM과 관련된 인력, 제도, 소프트웨어, 하드웨어, 프로세스 등의 인프라를 구축하여 BIM의 도입을 추진한 경우, 프로젝트 생애주기에 걸쳐 아래와 같은 효과가 있는 것으로 여러 문헌들(Riese 2007, Elvin 2007, Young 외 2008, Hardin 2008, Kriygiel 2008, Eastman 외 2008, Smith 2009, (사) 빌딩스마트협회 2011, 이강 2011, Lee 2012 등)에서 언급하고 있다.

- 기획단계

  초기 시뮬레이션 소프트웨어들을 사용한 설계 대안 평가를 지원함으로써 전체 프로젝트의 품질을 향상시키고, BIM 모델과 기존 비용 데이터베이스 연계를 통한 빠르고 보다 정확한 계산견적으로 발주자가 효율적인 의사결정을 할 수 있다.

- 설계단계

  3D 시각화를 통한 설계검토를 쉽게 할 수 있으며, 토목/건축/설비 등 분야(공종)별 협업이 효율적이 된다. 설계 오류와 누락 감소로 설계변경이 최소화되고, 설계변경이 발생하더라도 2D 설계도면에 자동으로 반영되어 생성됨으로써 변경, 비용 절감 및 시간을 단축할 수 있다. 또한 공사비와 연동된 설계가 가능하므로 프로젝트 예산 내에 설계가 가능하며, 에너지 사용량 등과 같은 시뮬레이션을 통해 친환경 설계를 할 수 있다.

• 시공 단계

설계 단계에서 생성되거나 2D 도면을 BIM으로 전환하여 만든 BIM 모델을 통해 설계 검토 효율화 및 도면오류/간섭의 자동검토가 가능하다. 또한 모델을 활용한 공법 등의 시뮬레이션을 통해 정확한 시공 계획 및 리스크에 대한 대비책을 보다 효과적으로 수립할 수 있다. 뿐만 아니라 BIM 모델링을 통한 빠르고 정확한 수량 산출로 공사비 관리가 용이하며, 설계 변경시 수량 산출 등에 대한 빠른 대처가 가능하다. 또한 비정형 건축물과 같이 복잡한 부위에 대한 도면 이해도의 향상으로 재시공이 감소되며, 보다 정확한 시공상세도(SHOP Drawing) 추출을 통해 부재 제작 및 시공을 할 수 있다.

• 유지관리 단계

시공 단계의 정보를 반영한 BIM 모델을 활용하여 보다 쉬운 시설물 정보로 유지관리 업무를 효율적으로 처리할 수 있으며, BEMS(Building Energy Management System), FM(Facility Management) 시스템 등과 같은 시설물 운영관리 시스템과의 통합을 통해 유지관리 플랫폼을 제공받을 수 있다.

하지만 위에서 언급된 BIM 효과가 우리나라에서 실무자들에 의해 효과를 나타내기에는 아직까지 부족하다는 인식이 많은 상태이다. 그 이유로는 국내의 BIM 도입이 너무나 갑자기, 그리고 빠르게 진행되었다는 점에 기인한다.

국내의 BIM은 2000년 전후로 시공단계에서 2D 설계의 검토 및 간섭 체크 등을 위해 일부 건설사를 중심으로 3D 전환 설계로 도입하여 활용되어 왔다. 그러다가 2006년 말부터 국토교통부의 '가상 건설 시스템 개발[4]' R&D 추진, 2008년 2월 청와대 교육원 이전 사업 BIM 도입 검토를 시작으로 국방부, 조달청, LH 공사, 서울시, 강릉시 등 공공기관의 주도로 BIM 도입이 시작되었다. 공공 발주자 측면에서 기존 2D 기반 설계의 문제점이었던 도면 불일치, 설계와 상이한 CG(Computer Graphic) 등을 해결하기 위해, 공공기관 주도의 프로젝트는 실무에서 BIM 수행능력이 성숙될 때까지 기다리기보다는 일정 규모 이상의 경우 BIM 적용을 의무화하는 방식으로 도모되어 왔다.

BIM 도입 초기부터 발주자를 중심으로 BIM의 긍정적인 면만 강조하다보니 발주자뿐만 아니라 건설사의 경영자, 엔지니어 등은 대부분 BIM에 대해 높은 기대치와 환상을 가지게 되었다. 하지만, BIM이 프로젝트에 적용되는 횟수가 증가하면서 초기 기대치와 다른 BIM의 적용성과 효과에 대해 실망을 가지면서 실제

4
가상 건설 시스템 개발은 국토교통부의 건설기술혁신 사업의 일환으로 국내에서 최초로 추진된 BIM 관련 R&D이다. 해당 연구는 건설 프로젝트의 기획에서 시공 단계에 이르는 설계 및 엔지니어링 프로세스에서 다양한 참여 주체들이 효과적으로 3차원 기반의 설계 및 엔지니어링 정보를 생성, 공유 및 관리할 수 있게 하기 위한 가상건설 체계 및 시스템 개발을 목표로 2006년 12월부터 2011년 10월까지 4년 10개월간 추진되었다. 연구단은 15개의 세부주제를 다루었으며, 주요 분야로 건축, 토목 분야의 구조, 견적, 설비 등의 엔지니어링 시스템 개발, 기획 및 시공 시뮬레이션 시스템 개발, 그리고 BIM 기반 협업 시스템 개발 및 설계 가이드라인과 정보 표준화에 관한 연구를 수행하였다.

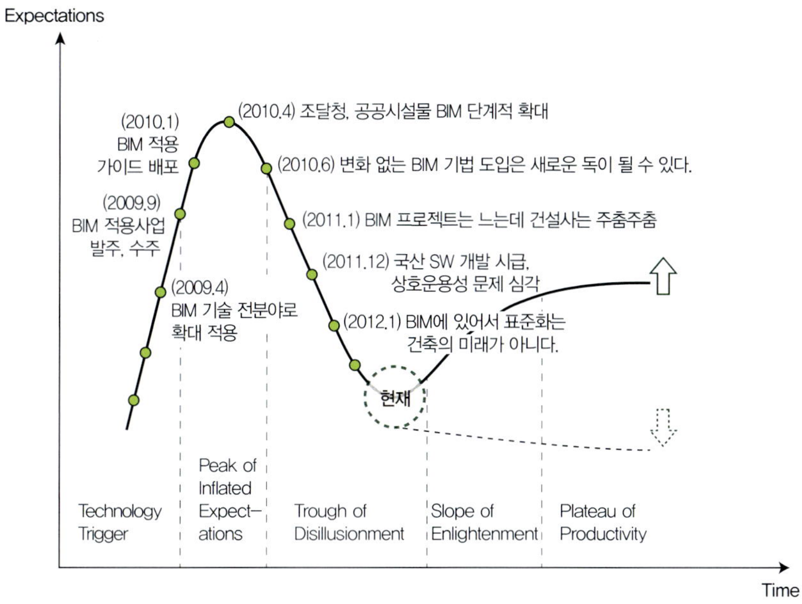

[그림 1-4] Gartner Group의 Hyper Cycle 이론을 통해 본 BIM 현주소(김성아 외 2012)

로 사용 가능한 기술인지에 대한 의구심이 생기게 되었다.

이러한 추세는 2012년에 발표된 'Hyper cycle[5] 이론을 통해 본 BIM의 현주소'에서 제시된 BIM 기술의 성장곡선을 보면 보다 쉽게 이해할 수 있다. 국내의 BIM은 2000년 중반을 기점으로 BIM 관련 연구 및 조달청 500억 원 이상 건축 턴키 프로젝트의 BIM 적용 의무화와 같은 공공정책 등으로 2010년 즈음 가장 기대치가 높았다. 그러나 BIM을 실제 실무에 적용하기 위한 다양한 시도들이 이루어지기 시작하면서 2010년 이후에는 상상소멸(Trough of disillusionment)의 단계를 거쳐 2012년에는 현실인식 단계(Slope of enlightenment)로 접어들었음을 알 수 있다.

따라서 현재 국내 건설 시장에서 BIM을 효과적으로 도입하기 위해서는 막연한 환상보다는, 현재의 건설기술 및 프로젝트 운영 프로세스와 BIM 적용으로 인해 변화될 건설기술 및 프로세스 등에 대한 종합적 고찰이 필요하다.

5 세계적인 IT 분야 컨설팅 회사인 가트너 그룹에서 신기술이 시장에서 어떻게 인식되고 사라지며 사용되는지에 대한 이론이다. 이에 따르면 기술은 기술의 출현(Technology Trigger), 버블기(기술 기대 정점; Peak of Inflated Expectations), 환멸기(기술에 대한 환상 소멸; Trough of Disillusionment), 계몽기(현실인식; Slope of Enlightenment), 안정기(생산성 증가 또는 정체; Plateau of Productivity)로 구분하여 설명하고 있다. IT 분야 기술의 트렌드와 비즈니스에 대한 영향력, 수용상황, 미래에 대한 예측을 가늠할 수 있음.

2. BIM의 진실

그러면 BIM에 대해 흔히 범하기 쉬운 '오해와 이에 대한 바른 이해'에 대해 알아보자.

• **[오해 1] BIM은 하나의 모델만 있으면 건축, 구조, MEP(설비), 에너지 해석, 토목, 조경, 견적, 공정, 시공 등 모든 분야에 적용할 수 있다.**

BIM에서 구현되는 모델은 활용 분야의 특성을 반영하여 만들어지기 때문에 모든 분야를 하나의 모델로 적용하는 것은 어렵다. 물론 과거 건축/구조/MEP 등의 각 분야별로 분절된 업무 환경보다는 많은 정보를 교환 · 활용 할 수는 있으나, 그렇다고 하나의 모델에 모든 정보를 담는 것도 아직까지는 어려운 상태에 있다.

• **[오해 2] 다양한 BIM 소프트웨어 간의 정보교환은 원활하게 이루어진다.**

BIM 모델 간의 정보교환을 위해 국제표준인 IFC(Industry Foundation Classes), gbXML 등의 호환 포맷이 존재한다. 아직까지 이종의 소프트웨어 및 모델 간 완벽한 정보연계는 이루어지지 않아 실제로는 건물의 기획/설계/시공/유지관리 단계별 또는 각 분야(공종)별로 정보손실에 따른 추가 모델링이 이루어져야 한다. 이를 해결하기 위해서는 별도의 호환방법인 미들웨어(Middleware) 소프트웨어 등을 개발하는 것이 필요하다.

• **[오해 3] BIM 소프트웨어 도입만으로 기존 업무의 혁신이 이루어진다.**

단순히 BIM 소프트웨어를 도입하는 것은 기존에 사용하던 소프트웨어를 대체하는 것이므로, BIM을 이용한 혁신을 위해서는 기존의 관리체계를 개선하여야 한다. 예를 들어 EVMS(Earned Value Management System)를 BIM으로 수행하려면 소프트웨어 도입뿐만 아니라 이를 적용하기 위한 체계, 기존 EVMS 도입의 문제점 해결 등이 선행되어야 한다. 또한, BIM 소프트웨어는 대부분 해외에서 개발된 소프트웨어로 해외 기준이 반영되어 있기 때문에, 국내의 기준 또는 각 회사별 기준을 반영하여야 한다.

• **[오해 4] BIM 적용 프로젝트는 BIM 소프트웨어만 사용하면 된다.**

BIM 기반 프로젝트를 성공적으로 운영하기 위해서는 단순히 BIM 소프트웨어의 사용 능력뿐만 아니라 BIM 기획, 수행전략 수립, 엔지니어링 능력, 협력업체 관리, BIM 운영환경 구축 등과 같은 사업관리 전반에 대한 역량이 필요하다. 해외 BIM 프로젝트 사례와 같이 프로젝트를 운영하기 위해서는 BIM 매니저(Manager), 엔지니어, 협력업체 등의 인력 및 조직이 요구된다.

• [오해 5] BIM은 외주 방식으로 관리만 하면 된다.

국내 BIM 프로젝트는 건설사에서 BIM 모델링을 전문으로 하는 업체에 2D 도면을 3D BIM 모델링으로 전환하는 업무로 맡기고 그것을 관리하는 방식으로 이루어져 있다. BIM을 활용한 프로젝트 수행을 위해서는 3D 모델 생성도 중요하지만, 정확한 정보생성과 이를 효과적으로 활용하는 것이 더욱 중요하다. 일반적으로 실무 전문가가 BIM 소프트웨어를 조작하는 것이 BIM 모델러보다 비록 속도는 느리더라도 가치 있는 정보를 생성하고, 이를 통해 신속하고 정확한 의사결정을 할 수 있게 된다. 따라서 BIM 수행은 외주 방식만으로 진행하기보다는 프로젝트의 관련분야 지식이 많은 실무자들의 적극적 참여가 필요하다.

3 BIM 관련 기술

BIM 관련 기술은 크게 정보를 담은 3D 모델을 생성하는 기술과 생성된 모델 정보를 활용하는 기술로 구분할 수 있으며, 또한 BIM을 바라보는 사람에 따라 상이하기는 하지만 상당히 광범위한 기술을 포함하고 있다. 하지만 이러한 모든 기술과 소프트웨어[6]를 일일이 언급하는 것 역시 광범위한 내용이기 때문에, 본 책에서는 BIM을 논의할 때 주로 언급되는 3D 객체(Object) 모델링, 간섭 체크 및 검토, 4D(공정관리, 공법 시뮬레이션), 5D(수량 산출, 견적, 일정/비용 통합관리), nD(친환경, 유지관리 등), 엔지니어링(구조, MEP, 토목 등)을 중심으로 각 기술들을 간략하게 소개하겠다. 그리고 각 기술에 관련된 소프트웨어의 종류와 특징은 부록 2에 별도로 수록하였다.

[6] 이강(2011)은 BIM 소프트웨어의 결정을 개별 소프트웨어가 가지는 기술적 특성보다는 업무수행에 있어, BIM 작업 프로세스 상에서 사용되는 전체 BIM 작업 네트워크에 해당 소프트웨어가 포함되는지에 따라 판단해야 한다고 주장하였다. 예를 들어 AutoCAD와 같은 소프트웨어가 단독으로 쓰일 때는 BIM 소프트웨어라고 보기 힘들지만 Revit, ArchiCAD와 같은 BIM Authorizing tool의 모델에서 주요 부재의 형상정보를 추출하고, 주기 등과 같은 추가 작업을 하는 경우에는 AutoCAD 또한 BIM 소프트웨어로 보아야 한다는 의미이다.

1. 3D 객체(Object) 모델링

건축물을 구성하는 기둥, 보, 슬래브 등의 객체(Object)를 파라메트릭 기법으로 형상, 치수, 위치 등을 입력함으로써 객체를 모델링하는 기술이다. 이러한 기능을 제공하는 소프트웨어를 BIM 저작도구(Authorizing tool)라고 하며, 소프트웨어 특성에 따라 건축, 구조, MEP, 렌더링, 도면화 기능이 통합되어 제공되기도 하고, 나누어 제공되기도 한다. 주로 활용되는 소프트웨어로는 ArchiCAD, Allplan, Bently Architecture, Digital project, Revit 등이 있다.

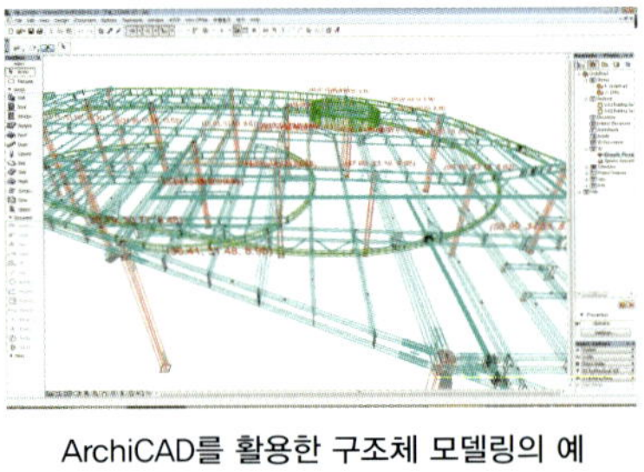

ArchiCAD를 활용한 구조체 모델링의 예

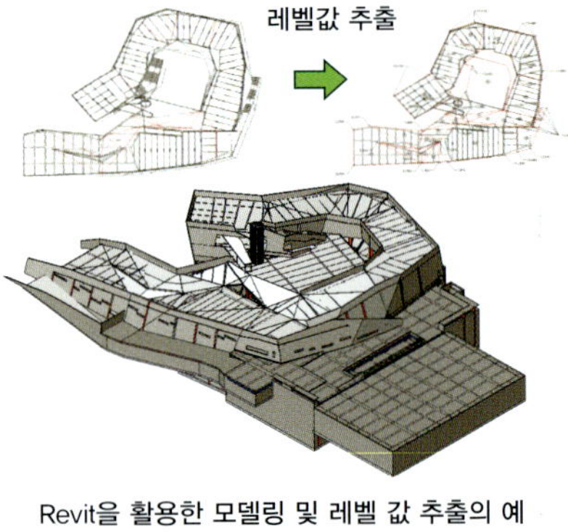

Revit을 활용한 모델링 및 레벨 값 추출의 예

[그림 1-5] BIM 저작도구 활용 예

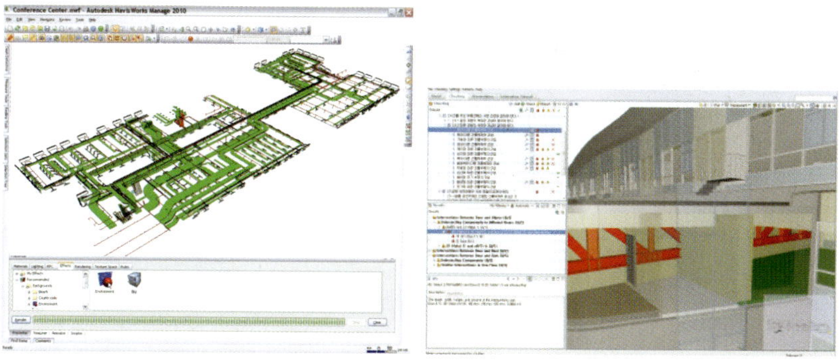

Autodesk Navisworks를 이용한 모델 검토　　　Solibri model checker를 이용한 룰 체크

[그림 1-6] BIM 모델 검토 및 룰(Rule) 체크 예

2. 간섭체크 및 검토

2D 도면 검토시 각 분야별로 담당자들이 도면오류 및 공종간섭을 수작업으로 찾아내던 것을 BIM에서는 3D 객체의 좌표, 객체 간 관계성, 그리고 법규 등과 같은 룰(Rule)에 의해 자동으로 체크하는 기술로, 기존 방식에 비해 검토 및 리포팅 시간이 단축될 뿐만 아니라 개인의 능력 및 컨디션에 따른 오류 발생 가능성을 낮출 수 있다. 3D 모델의 정합성(Coordination) 체크를 통해 물리적 간섭(Hard clash)을 최소화할 수 있을 뿐만 아니라, 객체가 가지는 고유 속성의 차이와 객체의 거리 및 공간 등을 이용하여 여유공간 간섭(Soft clash) 검토를 수행할 수 있다. 간섭 체크(Clash detection), 법규 검토(Code validation) 등에 주로 활용되는 소프트웨어로는 Solibri model checker, Navisworks, Vico Office 등이 있다.

3. 4D(공정관리, 공법 시뮬레이션)

1) 개념

4D 기술은 3D 객체에 시간(Time)을 결합한 형태로, 시간의 흐름에 따른 BIM 객체(Object)의 나타나기와 사라지기(Show/hide)를 통해 따른 건물의 시공모습을 공정, 계획 또는 실적에 맞게 3D 모델과 공정표 형태로 표현하여 관리하는 기술이다. 실무에서 적용되는 일반적인 4D 시뮬레이션은 발주처 프리젠테이션에서 활용되는 경우가 많으나, 공정의 순서를 단순히 동영상 형태로 보여주는 것과는 다르게 4D 기술은 실제 공정계획 또는 실적의 기간(Duration)에 비례하여 표현되고,

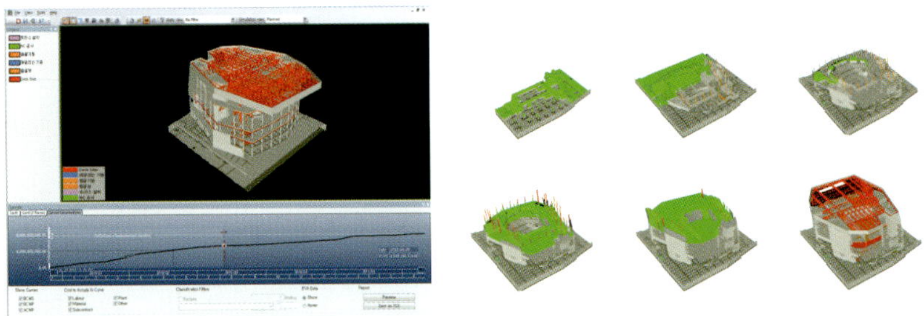

[그림 1-7] 4D 시뮬레이션 예(Vico Software 적용)

공정계획의 변경에 따라 이러한 표현이 자동으로 변경된다는 점이 차별화된다. 4D 기술을 지원하는 소프트웨어로는 Digital project, Navisworks, Project 4D construction(Bently), Snychro 4D, Vico Office, Virtual 4D simulation 등이 있다. 일부 소프트웨어에서는 MS Project, Primavera 등과 같이 공정관리에 사용되는 전문소프트웨어와 공정정보를 연계하는 기능을 지원하기도 한다. Vico Office 등의 소프트웨어는 5D(수량산출/견적) 기능과 결합하여 EVMS를 지원할 수도 있다.

2) 구현 방법

BIM 모델과 4D 소프트웨어의 공정 연계 방식은 크게 2가지 방식으로 구분할 수 있다.

• 3D 모델과 공정 데이터의 독립적 작성 후 연계 방식

3D 모델링과 공정표 작성을 각각 진행하고, 3D 모델의 객체들에 공정데이터를 연계하는 방식이다. Navisworks, Project 4D 등의 소프트웨어에서 사용되는 방식으로, 3D 모델링과 공정관리 분야의 전문가들에 의한 독립적인 운영이 가능하나, 모델과 공정 데이터를 매핑하는 데 시간이 많이 소요된다. 3D 모델과 액티비티(Activity; 단위공정, 이하 액티비티)의 레벨이 상이하여 매핑하기 어려운 상황이 발생할 가능성이 있다. 최근 이를 해결하기 위해 객체와 공정 액티비티들을 자동 매핑하는 다양한 시도가 국내외적으로 이루어지기도 하지만 아직 완벽하지는 않은 상태이다.

• 3D 모델링시 공정계획을 고려하는 방식

이 방식은 3D 모델링시부터 공정관리를 위한 액티비티들을 고려하여, 이를 근거로 공정계획을 수립한다는 측면에서 공정 데이터를 모델에 매핑하는 부분을 자동화할 수 있다. 하지만 BIM 모델러가 공정 계획에 대한 상당한 지식을 가지고 있거나 공정관리 전문가가 모델링에 참여해야 한다는 측면에서 기존 관리 프로세스의 변화 없이는 실무 적용에 어려운 한계가 있다.

일반적으로 이러한 방식의 공정계획 수립 순서는 첫째, 3D 모델로부터 객체가 가지는 '층, 실, zone 등의 위치 정보' 및 '기둥, 보, 슬래브, 지붕 등의 부재 타입'에 작업분류체계(WBS)를 결합하여 액티비티를 생성한다. 이때 생성된 액티비티는 객체로부터 추출한 내역별 수량정보를 포함하기도 한다. 둘째, 생성된 액티비티 정보를 공정관리 소프트웨어로 연계하여 작업 간 관계와 공기의 공정계획을 수립순으로 진행된다.

4. 5D(수량산출, 견적, 일정/비용 통합관리)

1) 개념

3D 객체가 가지는 부피, 길이, 면적, 개수 등 부재속성을 이용하여 객체별 수량을 산출하는 것을 BIM 기반의 수량산출(Take-off)이라 하고, 산출된 수량에 내역항목 및 단가정보를 연계하여 비용정보를 산출하는 것을 BIM 기반의 견적(Estimation)이라고 한다.

- BIM 기반 수량산출(Take-off)

  ArchiCAD, Revit 등과 같은 BIM 저작도구(Authorizing tool)에서부터 전문견적용 BIM 소프트웨어까지 기본적으로 제공되는 기술로 일반적으로 수량의 산출은 객체 단위로 이루어진다. 컴퓨터에 의해 객체별 부재속성이 자동 계산되기 때문에 기존의 수량산출에서 사용되는 산출식이 나타나지 않는 경우가 많다. 또한 근본적으로 BIM으로부터의 수량산출은 모델링된 객체에 의거하여 수량이 산출되기 때문에 모델링을 하지 않는 부재나 모델의 LOD(LOD: Level Of Detail, 이하 LOD)에 따라 수량의 차이가 발생된다.

- BIM 기반 견적(Estimation)

  BIM 모델에서 내역항목별로 추출한 수량에 단가를 곱하여 금액을 산출하는 것으로, BIM 기반의 수량산출과는 달리 DProfiler, Vico Office, RC 8.0, FIN 8.0, 유미드 시스템 등과 같은 전문적인 소프트웨어가 필요하다. 활용되는 소프트웨어별로 내역분류체계(CBS: Cost Breakdown Structure) 및 단가정보를 객체와 연결하는

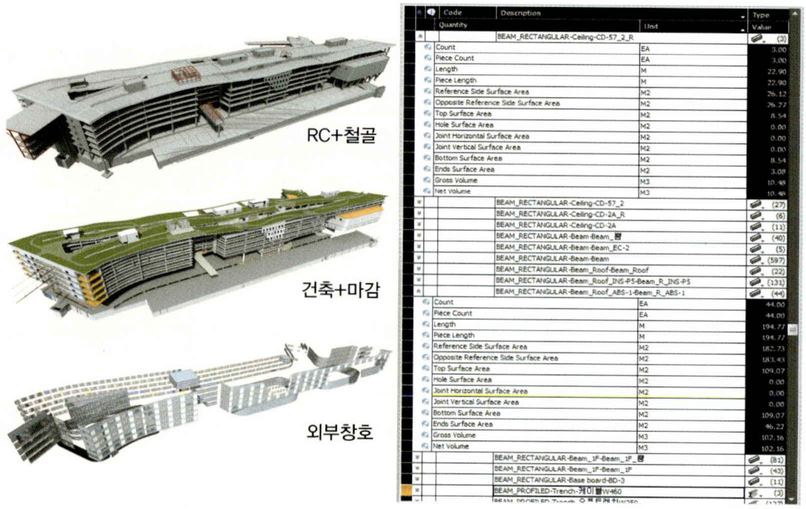

[그림 1-8] 5D 수량산출 예(Vico Office 적용)

방식이 다소 상이하며, Vico Office와 같은 일부 소프트웨어에서는 견적된 결과들을 이용하여 비용 대안 분석, 리스크 분석 등의 기능이 제공되기도 한다.

- BIM 기반 일정/비용 통합관리(EVMS; Earned Value Management System)

일부 BIM 소프트웨어에서 제공되는 기능으로, 수량산출 및 견적결과를 도출한 다음, BIM 모델에 기입력된 액티비티 등의 정보와 연결하여 일정과 비용을 통합 관리한다. Primavera 등과 같은 공정 소프트웨어의 일정/비용 통합관리보다는 손쉽게 공정과 비용정보를 매핑할 수 있고, 설계변경에 따른 수량정보를 BIM 모델로부터 자동으로 가져올 수 있다는 측면에서 상당히 효율적이다.

2) 구현방법

BIM에서 수량산출 또는 견적방식은 크게 3가지로 구분할 수 있다.

- 3D 객체별 수량정보를 일람표 형태로 추출하는 방식

BIM 저작도구(Authorizing tool)에서 기본적으로 제공하는 방식으로 객체단위로 부피, 길이, 면적, 개수 등의 수량정보를 일람표 형태로 제공하고, 이를 엑셀 등과 같은 스프레드 시트로 데이터 출력이 가능하다. 견적자가 내역에 단가 등을 임의로 입력가 능하다는 측면에서 유연성(Flexibility)은 높으나, 자동화 정도는 가장 낮다.

• 3D 객체에 내역 DB를 연동한 견적방식

3D 객체를 5D 소프트웨어에 들여오기(Import)하고 3D 객체의 부피, 길이, 면적, 개수 등의 수량정보 중 견적에 필요한 정보값과 내역별 단가, 할증 등 정보값을 연계하여, 수량산출 및 견적을 동시에 하는 방식이다. 내역별 단가와 내역 DB(Database)를 잘 구축할 경우, 객체와 내역 DB를 링크하는 것만으로 수량산출과 견적을 동시에 할 수 있다는 장점이 있으나, 내역 DB 구축에 많은 시간과 노하우가 필요하다는 단점을 가진다. YIT(핀란드) 등과 같은 건설사의 경우, 이러한 방식을 이용하여 기존 견적인력을 50% 정도 감소시킨 사례가 있다.

• 내역 데이터를 가진 객체를 모델링과 동시에 하는 견적방식

DProfiler, Allplan 등의 소프트웨어에서 지원하는 방식으로 내역 데이터를 가진 객체의 모델링을 수행하고, 바로 견적을 완료하는 방식으로 Design to cost가 가능한 방식이다. 가장 자동화 정도가 높은 방식이나 내역에 따른 객체의 종류가 많이 발생하는 경우 모델링 시간이 많이 걸린다. 또한 모델러가 견적에 대한 내용을 알아야 한다는 단점을 가진다. 해외에서 초기 설계 단계 개산견적을 하는 경우나, PC(Precast concrete)를 사용한 정형화된 건물의 견적시 사용한다.

5. 친환경 시뮬레이션

친환경 건축물 구현을 위해 에너지/빛/열 등을 해석하는 기술이다. 일반적으로 친환경 해석을 위해서는 3D 정보가 요구되며, 기존의 2D 도면 위주의 프로젝트 운영에서도 별도의 3D 모델링을 통해 해석을 진행해 왔다. BIM 기술이 도입되면서 gbXML(green building eXtensible Markup Language) 등의 호환 포맷으로 3D 형상 정보 등을 연계하여 사용함으로써 보다 쉽게 기술적용이 가능해졌다. 또한 몇몇 BIM 소프트웨어에서는 간단한 애드온(Add-on) 형태의 친환경 해석 기능을 제공하며, 건축물의 대안 평가 등에 손쉽게 활용할 수 있다.

국내 조달청의 BIM 활용 지침에서는 미국 에너지성에서 제공하고 있는 DOE II 또는 EnergyPlus 엔진을 활용하여 친환경 해석을 할 것을 규정하고 있다. 활용되는 소프트웨어로는 Eco Designer, Ecotect Analysis, EnergyPlus, eQuset, Green Building Studio, IES Virtual Environment 등이 있다.

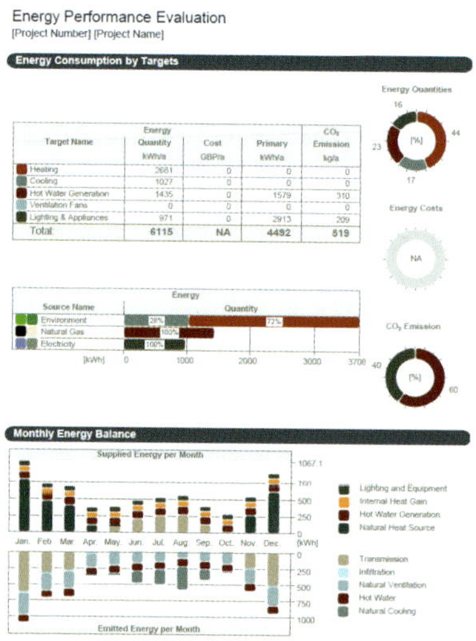

Graphisoft EcoDesigner의 에너지, CO_2 배출량 리포트

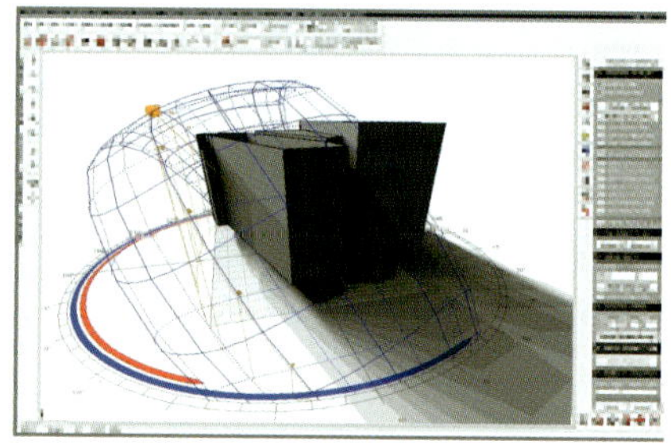

Autodesk Ecotect를 이용한 일영 분석

[그림 1-9] 친환경 시뮬레이션 예

6. 유지관리(FM; Facility Management)

시설물의 유지 및 운영관리, 임대관리 등에 활용되며, 최근 BEMS(Building Energy Management System) 등의 시설물 유지관리 시스템과 BIM의 연계에 대한 요구가 발주자에 의해 제기되고 있다. 현재 활용되고 있는 소프트웨어들은 Archibus Facil-o-tor™, ArchiFM, FMDesktop, TriRiag(WPMTM) 등이 있으며, 시설물 정보 공유, 공간 및 자산관리, 부동산 및 임대관리, 도면관리, 가구/설비관리, 빌딩 운영관리, 재난 관리, 모바일 기반 유지관리 기능 등 소프트웨어별로 다소 상이하기는 하나 다양한 기능을 제공하고 있다.

7. 공종별 BIM 기술

1) 구조 BIM

건축물의 구조 모델 생성, 해석 및 철골/철근 등의 상세 모델링과 시공상세도(SHOP Drawing)를 위해 활용되는 기술이다. BIM을 활용하는 것이 기존 2D 도면을 근거로 해석 모델 또는 제작용 상세 모델 생성을 별도로 진행하는 것보다 시간단축 및 오차감소가 가능해 활용이 점차 증대되고 있다. 구조해석용 전문 소프트웨어로는 ETABS, Midas Gen, Risa 3D, SAP 2000, Scia 등이 있다. 구조 모델링 전문 소프트웨어인 Bently Structures, Revit, Tekla Structure, Bently RAMSteel, Allplan, Midas M&D, Rebar Hub 등이 있다.

2) MEP BIM

기계, 전기 및 배관 시스템의 설계 및 구축을 위해 활용되는 모델링 소프트웨어를 일반적으로 의미하며, 몇몇 소프트웨어의 경우, 용량 등의 해석기술을 제공한다. 대표적인 소프트웨어로는 ArchiCAD MEP Add-on, Bently Building Mechanical Systems, Revit BDS(Building Design Suite), Trace 등이 있다.

3) 토목 BIM

지형 모델링, 지반 분석, 우/배수 분석, 토공 수량산출, 3D 시각화 등에 사용되는 기술이다. 가끔 GIS용 소프트웨어가 사용되기도 한다. 국내 공공 턴키 프로젝트 등에서는 Auto CAD Civil 3D 등이 적용된 바 있다.

8. 기타 BIM

기타 BIM 기술로는 3D 객체와 연계하여 제품 혹은 재료에 대한 시방정보를 관리하는 기술, Adobe 3D PDF와 같은 문서 뷰어(Viewer) 기술, 그리고 BIM 기반 PMIS 등과 같이 협업을 지원하는 기술 등이 활용되고 있다. 시방정보관리에 사용되는 소프트웨어로는 e-SPECS®, BSD Speclink 등이 있다. 또한 제조업에서 활용되고 있는 PLM(Product Life-cycle Management)[7] 기술이 플랜트를 중심으로 적용이 모색되고 있으며, 건축/토목 분야의 경우 구축 및 연구사례들이 나타나고 있다.

[7] PLM은 제품 라이프사이클을 따라서 데이터와 프로세스 등의 제품을 관리하는 포괄적인 개념으로써, 기업의 전사적 정보시스템인 ERP(Enterprise Resource Planning, SCM(Supply Chain Management), CRM(Client Relationship Management), KMS (Knowledge Management System)와 함께 수평적인 위치에 있으며, 지능형 설계 시스템, 디지털 가상생산 시스템, PDM 시스템으로 구성되어 있다.

4 BIM 기반 협업과 정보교환

1. 개요

BIM의 기술은 하나의 기술만으로 사용되기보다는 발주자의 요구사항, BIM의 도입목적, 적용범위, 프로젝트 수행조직의 구성, 사용 소프트웨어 종류 등에 따라 다양한 방식과 프로세스로 적용된다. 그리고 건설 프로젝트에서의 BIM은 단일분야(공종)가 아닌 건축, 구조, 설비, 토목, 친환경, 시공 시뮬레이션, 방화/방재, 견적 등이 유기적으로 통합되어 활용된다.

따라서 건설 프로젝트에서 BIM을 효과적으로 운영하기 위해서는 3D 모델링도 중요하지만, 기존의 프로젝트 운영과 같이 효과적인 협업 환경구축 및 수행이 중요하며, 이를 위해서는 각 분야별로 사용되는 BIM 데이터 간의 정보교환, 업무 진행을 위한 프로세스 등에 대한 고찰이 필요하다. 또한 보다 효과적인 운영을 위해 프로젝트 유형과 제도에 대한 이해가 필요하다.

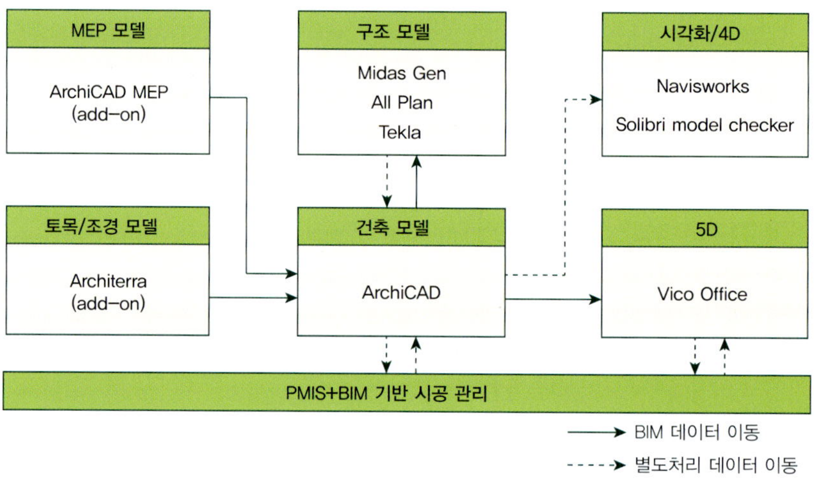

[그림 1-10] ArchiCAD 기반 BIM 협업 예

[표 1-3]은 국내의 BIM 적용 공공 턴키 프로젝트에서 적용된 주요 분야별 기술을 정리한 것이다.

[표 1-3] 프로젝트 전생애주기(Life-cycle)별 BIM 적용 분야 예

분야	Level 1	Level 2	특징			
			기본설계	실시설계	시공단계	유지관리
건축	건축 BIM		○	○	○	
		비정형디자인분석	○	○		
		배치안분석	○			
		가시선분석	○			
		라이브러리 구축	○	○		
		조감도, 투시도 생성	○	○		
		시공상세도(SHOP Drawing)			○	
구조	구조 BIM		○	○	○	
		구조해석모델	○	○		
		철근배근모델		○	○	
		철골상세모델	○	○	○	
		시공상세도(SHOP Drawing)			○	
설비	MEP BIM		○	○		
		기계전기실 장비배치검토	○	○		
		덕트계산 및 관경설정	○	○		
		조도계산 및 조명배치	○	○		
		덕트 루트(Duct route) 및 장비배치 최적화		○		
		시공상세도(SHOP Drawing)			○	
친환경	Green BIM		○	○		
		채광, 현휘분석	○	○		
		기류분석	○	○		
		음환경분석	○	○		
		일조/일사분석	○	○		
		CO_2 분석	○	○		
		에너지분석	○	○		
토목	지형/토공 BIM					
		지형분석	○			
		3D 주상도 작성	○			
		토공량(절성토량) 분석	○			
		외부 우/오수 관로 및 맨홀		○		
		토목공사시공계획			○	
		SHOP Drawing			○	

분야	Level 1	Level 2	특징			
			기본설계	실시설계	시공단계	유지관리
통합	통합 BIM	BIM+PMIS				
		통합 BIM 생성	○	○	○	
		통합 BIM기반 간섭체크	○	○	○	
		BIM기반 도면생성	○	○	○	
		디지털 목업			○	
		COBIE, IFC	○	○	○	○
공정	4D BIM			○	○	
		장비배치계획			○	
		공법검토		○	○	
		공정검토		○	○	
		4D simulation		○	○	
견적	5D BIM		○	○	○	
		건축수량산출	○	○	○	
		구조수량산출	○	○	○	
		설비수량산출	○	○	○	
		토목수량산출	○	○	○	
		EVMS 공사관리				
방제		피난경로 분석	○	○		
조경		조경 면적 및 식재수량산출	○			
		조경대안분석	○	○		

2. BIM 기반 프로젝트 운영

BIM을 실무에 적용하기 위해서는 단순한 BIM의 소프트웨어적인 부분이 아니라, 이를 운영하기 위한 프로세스에 대한 고찰이 필요하다.

1) 국내 공공발주 프로젝트의 BIM 운영

2010년 12월에 발표된 조달청의 '시설사업 BIM 적용 기본 지침서'를 기준으로 살펴보면 BIM의 적용에 관한 계약은 기존 조달청이 실시하고 있는 계약제도, 즉 설계 공모와 일괄 입찰공사(턴키)에 맞추어 BIM 수행을 통한 결과물 제출을 요구함으로써 기존 업무 프로세스를 BIM 적용 프로젝트 운영방식으로 전환하려 하고 있다.

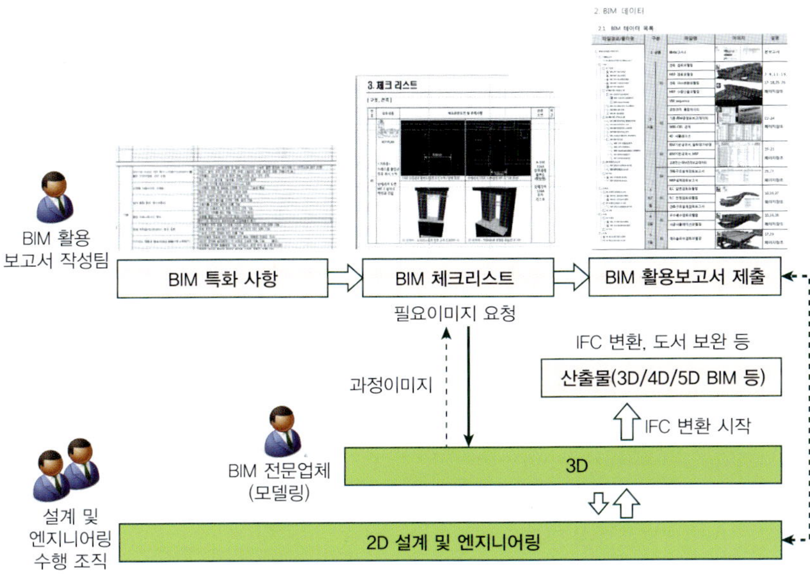

[그림 1-11] 국내 공공 턴키 프로젝트 BIM 수행사례

하지만 이러한 결과물 중심의 BIM 도입은 기존 프로젝트 수행조직이 아직까지 BIM 소프트웨어 또는 프로세스에 익숙하지 못한 현실에서 해외 성공 사례에서 나타나는 BIM 프로세스와 상이한 방식으로 BIM을 활용하게 만들고 있다. 즉, 기존 2D 기반의 설계 및 엔지니어링을 그대로 수행하고, 기존에 존재하지 않던 BIM 전문 협력업체가 2D 도면을 3D BIM으로 변환하여 별도의 3D, 4D, 5D BIM 결과물을 만들어낸다. 이것을 바탕으로 발주처에 BIM 활용보고서를 제출하는 이중의 업무진행이 이루어지고 있다.

따라서 최근 성공적인 BIM 프로젝트를 운영하기 위해 기존의 업무 프로세스의 변화 또는 BIM에 적합한 새로운 계약제도의 필요성이 학계 또는 BIM을 사용해 본 여러 실무자로부터 제안되고 있다.

2) BIM 기반 새로운 계약제도, IPD(Integrated Project Delivery System)

하나의 프로젝트를 성공적으로 수행하기 위해 발주자와 프로젝트 참여자인 CM, 설계사, 건설사와의 관계는 계약으로 이루어진다. 기존 계약방식인 DBB(Design-Bid-Build) 방식, DB(Design-Build) 등은 발주자와 다른 프로젝트 참여자 간의 이해관계가 상충되어 프로젝트의 효율성에 문제가 생길수 있

[8] 미국건축가협회에서는 IPD 가이드(Integrated Project Delivery: a Guide 2007)와 사례집(Integrated Project Delivery: Case Studies, 2010)을 펴낸 바 있다.

는 발주방식이다. 그래서 만들어진 발주방식이 IPD(Integrated Project Delivery System) 프로젝트 통합 발주체계이다.

IPD는 전통적으로 프로젝트의 기획-설계-시공-유지·관리 단계로 각기 다른 계약자 업무를 수행하던 방식에서 벗어나, 프로젝트 초기단계부터 발주자, 설계자, 시공자 등 프로젝트 참여자가 팀을 이루어 프로젝트 기획부터 유지·관리까지 건축물의 L.C.C 등을 고려하여 프로젝트를 통합, 운영하는 계약 또는 운영방식이다. IPD 가이드[8]에는 프로젝트를 진행하기 위한 가이드 8가지 기본 원칙으로,

- 참여자 간 상호존중(Mutual Respect)
- 참여자 간 이익공유(Mutual Benefits)
- 목표의 조기 달성(Early Goal Definition)
- 커뮤니케이션 향상(Enhanced Communication)
- 프로젝트의 각종 기준 및 절차의 명확한 정의(Clearly Defined Standards and Procedures)
- 첨단기술의 적용(Applied Technology)
- 성과 향상을 위한 팀 기여(Team's Commitment for High Performance)
- 혁신적 프로젝트 리더의 팀 관리(Innovative Project Leader's Management Team)

등으로 IPD를 운영할 것을 권장하고 있다.(빌딩스마트협회, 2011) 하지만 이러한 IPD 방식은 국내에 적용한 실적이 없어 표준화되거나 오랜 검증을 거친 방식으로 볼 수 없다. 또한 IPD 참여자의 선정방법, 각 참여자의 비용산정 및 지급방법 등에 대한 정의가 필요하다. 또, IPD에서 프로젝트를 수행하기 위해 중요시 여기는 것은 팀원 간의 커뮤니케이션이고 커뮤니케이션을 위한 중요한 툴로서 BIM을 언급한다는 점이다. 이러한 BIM을 활용한 커뮤니케이션은 IPD로만 국한하여 볼 것이 아니라 다른 계약방식에서도 적용할 수 있다면 좋은 프로젝트 운영방식이 될 것이다.

3. BIM 기반 정보교환

같은 물체라 하더라도 바라보는 관점에 따라 다양한 형상이 추출되는 것과 같이, 실제 BIM 업무에서 하나의 모델로 존재하기보다는 각각의 필요에 따라 최적화된 정보를 가진 여러 타입의 모델이 생성되어 활용하고 있다.

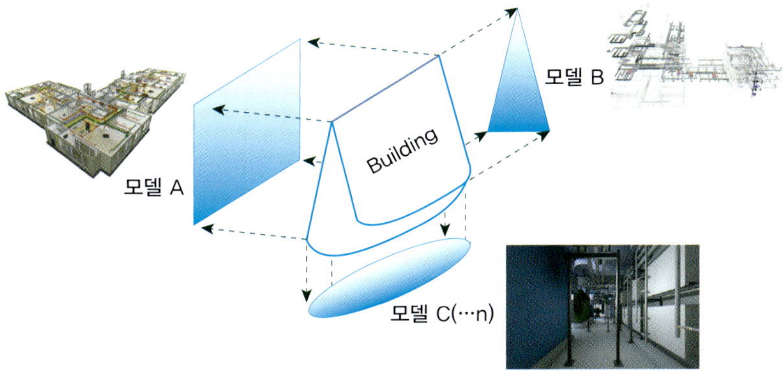

[그림 1-12] 정보 모델의 관점

하지만 실제 프로젝트에서는 처음 BIM으로 추구하려고 한 정보의 통합관리가 원활하게 이루어지기보다는, 각 공종별 BIM 모델링 시마다 추가작업이 발생하고 심지어 별도로 만들어지기도 한다. BIM은 프로젝트 전생애주기(Life-cycle) 순서에 따라 기획 BIM, 기본설계 BIM, 실시설계 BIM, 시공 BIM, 유지관리 BIM 등 단계별로 구분되고, BIM의 목적 또는 적용업무에 따라 공정 BIM, 견적 BIM, 구조 BIM, 설비 BIM, 친환경 BIM 등으로 구분되기도 한다. 이렇게 다양한 모델의 정보를 재활용하고 정보 간의 중복 및 오류를 방지하기 위해서는 BIM 모델 간의 정보교환과 이종 소프트웨어의 모델 간 정보조율(Coordination)이 요구된다.

BIM을 통해 에너지 분석, 4D 시뮬레이션, 견적산출 등 다양한 분야의 활용이 가능해졌으며, 건설산업 전 단계에 걸쳐 BIM에 저장된 정보들을 활용하기 위해서는 각각의 다양한 분야에 포함된 참여자 간 정보교환의 중요성이 대두되었다. 현재 BIM 응용도구들은 자체의 BIM 데이터 포맷을 통해 건물정보를 공유할 수 있으나, 건설산업의 특성상 특정 응용도구가 지원하는 데이터 포맷만으로는 참여주체 간 원활한 정보교환 및 공유에는 한계가 있다. 단 하나의 BIM 응용도구만으로 다양한 업무를 진행하기에는 어려움이 따르기에, 어떠한 BIM 응용도구에도 종속되지 않고 정보를 공유하고 교환하는 것이 필요하다. 각 단계에서 산출되는 정보를 표준적인 방법으로 교환 및 공유하여 다양한 참여자 간에 협력할 수 있도록 하는 것은 매우 중요한 사안이라 할 수 있다.(김인한, 2008)

데이터 호환은 단 하나의 소프트웨어로 건축설계와 엔지니어링의 다양한 업무를 해결할 수 없다는 문제에서 시작되었다. 이를 해결하기 위해 상호운용성(Interoperability, 또는 정보호환성)이란 용어로 소프트웨어 사이의 데이터를 교환함으로써 업무에 참여하는 여러 전문가가 편리하게 공동작업할 수 있도록 해 주는 것을 데이터 호환이라고 한다. (Eastman 외 2009) 건설산업에서 BIM을 통해 얻을 수 있는 가치를 실현하기 위해서는 데이터 호환이 그만큼 중요하다.

2) BIM 기반의 정보교환 방식

일반적으로 BIM에서의 정보교환은 개방형 BIM(Open BIM)과 비개방형 BIM (Closed BIM)으로 구분되며, 정보교환의 방향성에 따라 양방향, 일방향, 그리고 수작업 등의 처리가 필요한 데이터의 전달 등으로 구분할 수 있다.

개방형 BIM은 특정 소프트웨어에 종속되지 않는 개방적인 성격의 중립 데이터 교환 포맷으로 정보를 교환하는 방식이다. 제조업 등의 산업에서는 STEP를 표준으로 하고 있으며, 건설산업에서는 빌딩스마트에서 제정한 IFC를 주로 사용하고 있다. 그리고 기타 건설산업에서 많이 활용하고 있는 포맷으로는 철골분야에서 주로

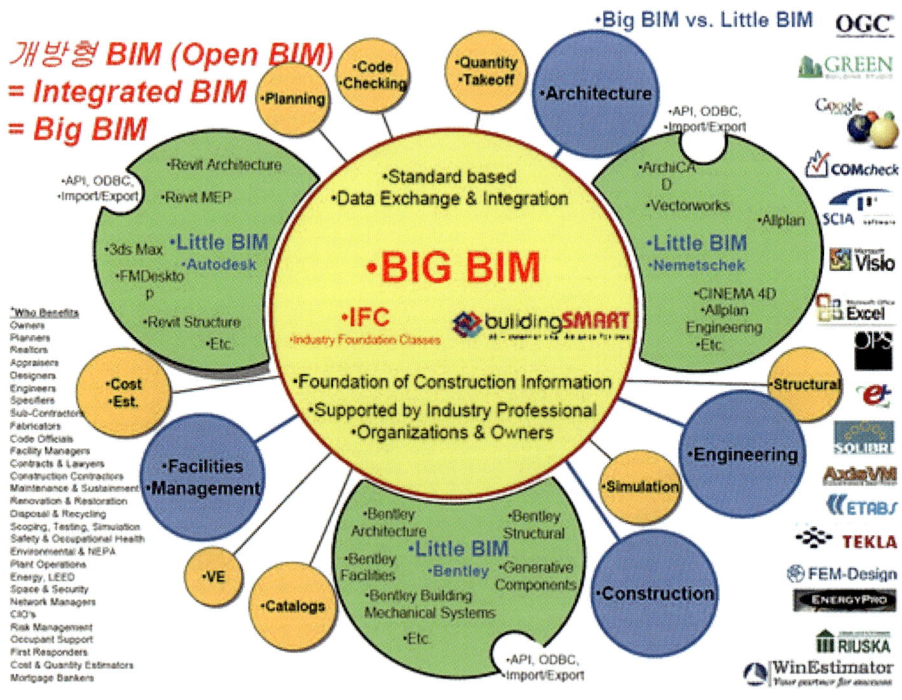

[그림 1-13] 개방형 BIM의 개념-소프트웨어 관점(김인한, 2010)

활용되는 CIS/2(CIMSteel Integration Standards Version 2)와 친환경 분야에서 활용되는 gbXML과 같은 XML(eXtensible Markup Language) 포맷이 있다.

현재 건설산업의 데이터 호환을 위해 국제적으로 많은 연구가 진행되고 있다. 국제빌딩스마트는 건설산업에서 이용되는 응용도구 간 데이터 호환성을 촉진시키기 위해 설립된 국제조직으로, 특히 빌딩스마트가 개발하는 IFC(Industry Foundation Classes)를 통해 BIM 환경에서 특정 벤더사의 응용도구에 얽매이지 않고 데이터를 교환할 수 있다.

IFC는 1994년 말경에 개발이 시작되었으며, 건설 프로세스에 사용되는 응용프로그램 간 정보 상호호환성(compatibility) 및 상호운용성(interoperability)을 확립하기 위한 목적으로 개발 중인 표준 포맷이다. (김인한·서종철, 2007) 현재는 IFC2×3의 개발이 끝나 구현 단계이며, IFC2×4의 개발이 진행되고 있다. 그리고 전 생애주기 동안의 AEC/FM 프로젝트에 사용되는 분산된 프로젝트 모델의 정의를 가지고 있다. 이때 IFC와 같은 표준 파일 포맷을 통한 소프트웨어 간 데이터 호환이 가능한 BIM을 개방형 BIM이라고 할 수 있다.

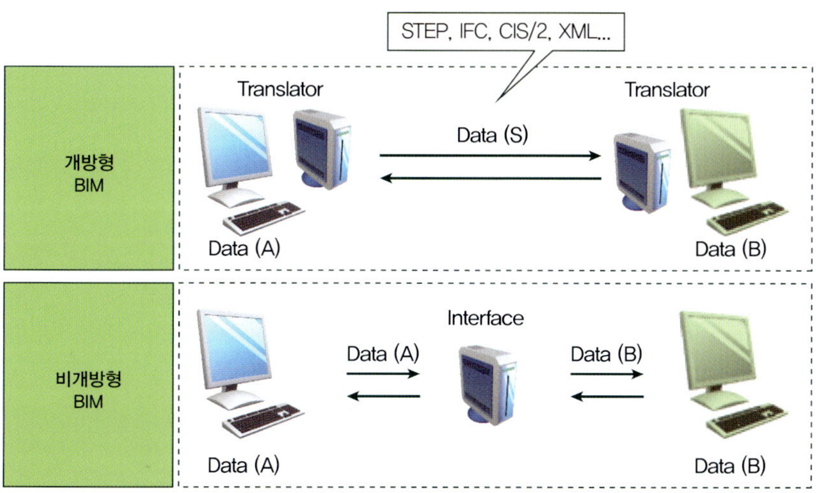

[그림 1-14] BIM 정보교환 방법

[표 1-4] 개방형 BIM의 정보교환 방식

<table>
<tr><th colspan="2">구분</th><th>주요 내용</th></tr>
<tr><td rowspan="4">개방형 BIM (Open BIM)</td><td>공통</td><td>• 특정 소프트웨어에 종속되지 않는 개방적인 성격의 중립 데이터 교환 포맷(Neutral File Format)으로 정보를 교환하는 방식이다.
• 개방형 프로덕트 데이터 모델 교환 포맷은 기하학적 형태에 대한 정보와 구성요소간의 관계, 각 요소에 관한 속성 및 관련 내용들을 포함한 정보 모델에 바탕을 두고 있으며, Express 언어를 표준으로 주로 표현되고 있다.
• 제조업 등의 산업에서는 ISO 10303의 STEP(Standard Exchange Product model data)을 표준으로 하고 있으며, 건설 산업에서는 빌딩스마트에서 제정한 IFC를 주로 사용한다.</td></tr>
<tr><td>IFC (Industry Foundation Class)</td><td>• IFC 파일은 초기 STEP이 건설산업을 정확히 반영하지 못한다는 문제를 해결하기 위해 시작되었으며, STEP PART 21에서 규정한 Physical File 포맷과 스웨덴에서 나온 NMF(Neutral Model Format)를 지원하는 것으로 시작되었다.
• 1994년 9월 IAI가 설립된 이래로 Release 1.0을 시작으로 하여, 현재 IFC 2×3 버전이 사용되고 있으며, 형상정보/건물요소/구조요소/건설관리/유지관리/공정/견적/자재 속성/참여자 등의 정보를 담고 있다.
• IFC는 정보교환의 포맷으로, 최근 빌딩스마트에서는 정보교환 및 연계의 효율화를 위해, 다음 개념을 정의하고 발전시키고 있다.
– IFD(International Framework for Dictionaries): 용어 정의로 교환하려는 정보에 대한 표준화된 이해, 즉 의미(Semantics) 제공
– IDM(Information Delivery Manual)/MVD(Model View Definition): 정보에 관한 프로세스로, 어떤 정보를 누구에게 언제 호환할 것인가에 대한 명세서</td></tr>
<tr><td>CIS/2 (CIMSteel Integration Standards Version 2)</td><td>• 철골 구조물 제작 등에서 사용되는 표준 정보 모델
• 기하학적 형태 표현 및 객체 속성의 관계 제공</td></tr>
<tr><td>XML (eXtensible Markup Language)</td><td>• 확장성 생성 언어: 웹(web)을 구현하는데 사용되는 하이퍼텍스트 생성 언어(HTML)를 대체할 목적으로 월드 와이드 웹 컨소시엄(W3C)이 표준화 작업을 진행한 페이지 기술 언어이다.
• 보통 XML이라는 약어로 불린다.
• HTML에서 사용되는 연결(link)기능 등을 확장하고, 표준 범용 문서 생성 언어(SGML)를 인터넷용으로 최적화한 것으로 HTML과 SGML의 장점을 모두 가지도록 규정된다.
• XML은 스키마(schema)라고 불리는 데이터 구조를 가지고 있으며, 이를 통하여 관련된 데이터의 구조와 의미를 정의함으로써 HTML과 같이 단순한 정보의 표현이 아닌 데이터의 저장 및 전달에 활용된다. 적은 양의 데이터 전달 시 유용하다.
• XML schema는 목적에 따라 분야별로 확장되어 사용되고 있으며, 건축분야에서는 gbXML, IFC XML 등이 활용된다.</td></tr>
</table>

다음으로 비개방형 BIM(Closed BIM)은 특정 소프트웨어나 특정 파일 포맷을 이용해 정보를 교환하는 방식이다. 종류로는 정보를 인터페이스(Interface)를 통한 직접 데이터 교환방식과 특정 소프트웨어의 파일 포맷에 의한 정보교환 방식으로 나눌 수 있다. 인터페이스를 통한 직접 데이터 교환방식은 주로 특정 소프트웨어 내에 데이터 교환을 위한 독자적인 인터페이스 소프트웨어가 내재되었거나, 별도로 개발된 인터페이스를 이용하여, 모델 정보를 이종의 소프트웨어 간에서 직접적으로 데이터를 교환하는 방식이다. 특정 소프트웨어의 파일 포맷에 의한 정보교환 방식은 특정 소프트웨어 데이터를 외부로 내보내기할 수 있도록 구성한 '파일 교환 포맷(File exchange format)'에 의해 정보를 교환하는 방법이다.

건설산업에서 정보의 공유 및 교환을 위해 특정 응용도구에 종속되지 않고 BIM 응용도구 간의 동일한 해석으로 데이터가 생성되어 데이터 호환이 가능하기 위해서는 좀 더 넓은 의미의 정보구조를 호환할 수 있는 표준 포맷이 필요하다. BIM 표준을 통해 BIM의 실무 적용에서 가장 큰 제약인 데이터 호환성을 향상시킬 수 있다. 단일 응용도구에 종속되어 정보가 공유되지 않는 BIM보다는 이기종 간에 정보공유를 가능하게 하는 BIM이 구현되어야 건설산업의 전 생애주기에서 데이터 호환이 가능하다.

[표 1-5] 비개방형 BIM의 정보교환

구분		주요 내용
비개방형 BIM (Closed BIM)	인터페이스를 통한 직접 데이터 교환	• 주로 특정 소프트웨어에 데이터 교환을 위한 독자적인 인터페이스 소프트웨어가 내재되었거나, 별도의 데이터 교환을 위해 개발된 미들웨어를 이용하여, 용도에 따라 필요한 정보를 이종의 소프트웨어 간에서 직접적으로 데이터를 교환하는 방식이다. • 사례 – ODBC(Open Database Connectivity) – COM(Component Object Model) – Graphisoft의 GDL(Geometric Description Language) – Bentley의 MDL(Microstation Development Language)
	특정 소프트웨어의 파일 포맷에 의한 정보 교환	• 파일 교환 포맷(File exchange format)에 의해 정보를 교환하는 방법 • 사례 – 오토데스크의 DXF(Data eXchange Format) – 스페셜(Spatial)사의 SAT(Standard ACIS Text) – 오토데스크의 3ds Format

2장에서는 급변하는 시장 환경에서 건설사가 왜 BIM을 도입하려고 하는가에 대한 답을 기술하고 있다. 또한 건설사의 BIM을 효율적으로 업무에 도입하기 위한 전략, 업무프로세스, 인프라에 대한 구축사례를 담고 있다.

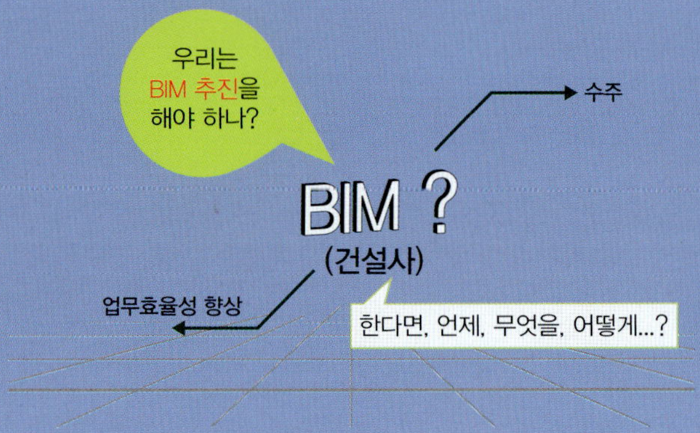

본 장의 구성은

1. BIM 도입 배경
2. BIM 도입 전략
3. BIM 업무프로세스 수립
4. BIM 인프라구축

로 되어 있으며, 건설사의 BIM 도입사례가 BIM 적용을 위한 방향 설정을 도울 수 있도록 내용을 기술하였다.

제 2 장

건설사의 BIM 도입 전략

건설사의 사례 소개를 통해,
BIM의 성공적 적용을 위한
방향 설정을 목표로...

1 BIM 도입 배경

국내에 BIM이라는 용어가 회자되기 시작한 지 6년이 넘은 2013년 현 시점에서 보면, BIM이 다양한 건축물에 빈번하게 적용되었을 것 같은 느낌을 받는다. 하지만 최근 국내에서 실제로 시공되고 있는 BIM 프로젝트는 일부 비정형 건축물과 공공발주 프로젝트를 제외하면 사례가 드문 편이다. 그럼에도 불구하고 건설사에서 BIM 기술을 도입하기 위해서 별도의 조직 구성, 실무자 교육, 소프트웨어의 개발 등 지속적인 투자를 하고 있다.

본 장에서는 국내 건설사의 입장에서 '왜 BIM 도입을 추진하는가' 하는 질문에 대해 수주 환경변화(기업 외부요인)와 업무효율성 향상(기업 내부요인)이라는 2가지 관점에서 살펴보겠다.

1. 건설산업의 수주 환경변화(기업 외부요인)

국내에 BIM이 건설산업, 가운데 대형 건설사에 확산된 가장 큰 이유는 조달청이 "2012년부터는 500억 원 이상의 턴키, 설계공모 건축공사에 BIM 적용을 의무화하고 2016년까지 모든 공사에 BIM 의무화를 하겠다"고 발표한 이후일 것이다.

[표 2-1] 주요 공공 BIM 발주 동향

기관	내용
국토교통부	- 각종 정부 정책 및 사회 경제적 이슈에 BIM 역할 발굴 - 세움터 등 국가정보화 사업에 BIM 비전 반영 - BIM의 원활한 도입 및 활용을 위해 각종 표준지침 제정
조달청	- 용인 시민체육공원 턴키에서 BIM을 통한 모든 프로세스 진행 - 2012년부터 공공발주 500억 원 이상 토털 서비스 대상 프로젝트 BIM 적용 의무화 - 2016년부터 BIM 적용 전면 확대 예정 - BIM 적용 기본 지침서 v 1.0 지정 및 배포
LH공사	- 양주 · 회천지구를 시작으로 계속적인 BIM 설계 발주 진행 중

이런 측면에서 의 BIM 도입은 사용자 중심보다는 발주자의 의지에 의해 시작되었다고 볼 수 있다. 국내 건설시장에서 BIM 도입은 건설 실무자가 필요성을 느끼고 충분한 기술확보를 한 후 도입한 것이 아니라, BIM 적용이 의무화된 공공 프로젝트 참여를 위해 BIM을 도입한 것이 현실이다.

그렇다면 발주자, 특히 공공발주 기관은 해외와는 달리 BIM 기술이 실무에 확산되기 전에 왜 BIM 의무화를 추진할까? 이에 대한 해답은 아마도 국내 최초의 BIM 적용 턴키(T/K) 프로젝트인 '용인시민체육공원' 제안 요청서에서 제시된 BIM 도입 이유를 살펴보면 추정이 가능하다. 용인시민체육공원 프로젝트에서 발주자는 기존 2D 도면 기반의 프로젝트 운영에서 도면 불일치 등 빈번한 설계변경, 공종간 간섭으로 인한 공기지연, 설계와 다른 CG(Computer Graphics) 비용 증가 등으로 인해 프로젝트 수행에 많은 문제점이 있다는 인식을 가지고 있었다. 그리고 이러한 인식이 실무의 BIM 수행능력이 성숙될 때까지 기다리기보다는 사용 의무화를 통해 확산하려고 했다는 것을 유추할 수 있다.

한편 국내 환경변화뿐만 아니라 해외에서도 수주 환경이 변하고 있다. 최근 국내의 건설사가 입찰에 참여하는 중동, 싱가포르 등 해외의 유수 프로젝트에서 BIM 기반의 프로젝트 운영이 의무화되면서, 과거 관심 정도 수준에서 해외 수주를 위해서는 BIM 기술을 반드시 확보해야 한다는 방향으로 인식이 변화되고 있다.

또한 단순한 BIM 소프트웨어를 이용한 BIM 모델, BIM 활용보고서, BIM에서 추출한 도면 등과 같은 결과물 제출을 요구하는 국내 프로젝트와는 달리, 해외에서 발주되는 BIM 적용 프로젝트의 경우는 BIM 수행을 위한 구체적인 BIM 수행 계획(BIM Execution plan) 제출과 이의 준수를 요구하고 있다. 이런 상황이 국내 건설사가 BIM 프로젝트를 바라보는 시각을 기존 외주 용역 중심의 BIM 활용에서 프로젝트 수행 실무자들이 BIM을 활용할 수 있어야 한다는 방향으로 전환시키고 있다.

참고로, 최근 중동의 루부르 아부다비 뮤지엄 프로젝트와 카타르 국립박물관

[표 2-2] 국내 턴키 프로젝트에서의 BIM 도입 이유

용인 시민체육공원 프로젝트의 BIM 도입 목적	1. 도면 불일치(빈번한 설계 변경) 2. 공종간 간섭(공기 지연) 3. 설계와 다른 CG(비용 증가)

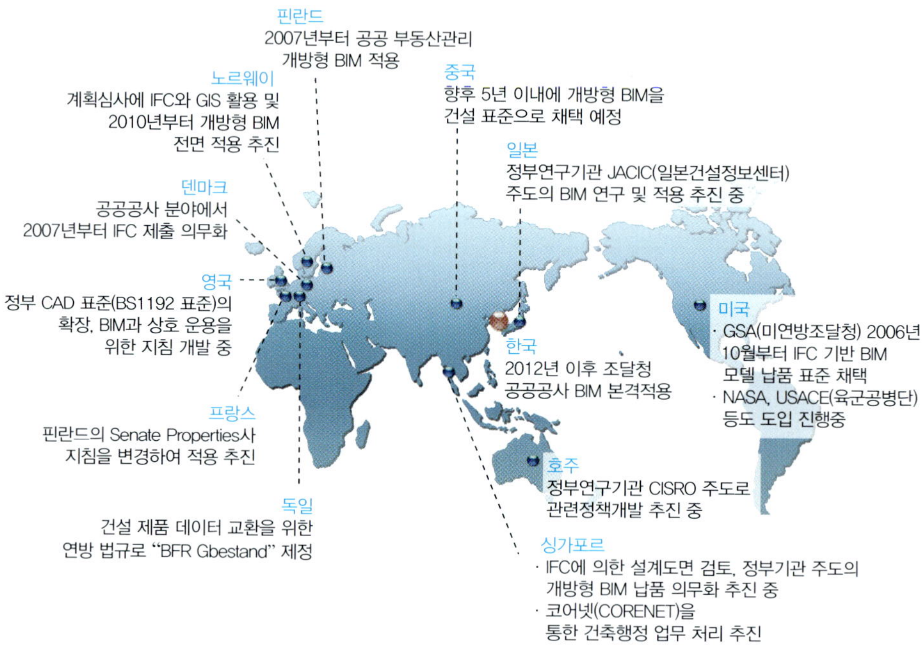

[그림 2-1] 국내외 BIM 추진동향

프로젝트에서 입찰자가 제출해야 하는 BIM 수행 계획서의 주요 포함내용을 정리하면 아래와 같다. (윤수원, 2011)

- BIM 수행조직에 대한 계획 제출 및 주요 관리자인 BIM Integrator, BIM Manager 등의 책임 및 역할
- BIM 수행자의 경력, 인적사항 및 이에 대한 증빙[9]
- BIM 수행 분야별로

  사이트 로지스틱스(Site logistics), 시공순서(Construction sequencing), 간섭 체크(Clash detection), 인테리어 조율(Interiors coordination), 준공모델(As-built) 등 모델의 기능, 요구사항, 모델에서 제공해야 하는 정보, 모델의 활용처
- BIM 업무 수행 선행 작업과 관련 지침 수립 방안
- BIM 모델의 관리방법 및 프로세스
  - 분야별 BIM Modeling 방법 : 프로세스, LOD, 관리방식 등
  - 디자인 BIM의 활용을 위한 전략 : LEED, 설계 변경 등
  - 프로젝트 BIM 스케줄 : BIM 수행활동, 교육 및 워크숍 등 포함
  - 파일 교환을 위한 프로토콜(Protocol)
  - BIM 파일 서버의 설치 및 운영 전략

09 카타르 국립박물관의 경우, BIM Manage급은 최소 2~3년 경력을 보유하고, 사용될 BIM 기술에 대한 능력 증빙을 요구한다.

– BIM 업무의 조율(Coordination), 통합(Integration) 및 불일치(Conflicts) 처리 방법
– BIM 품질보증(Quality Assurance) 방법
– BIM 관련 보고(Reporting) 방식 : 공종 간섭 보고서(Clash Report) 작성방법
– 최종 BIM 제출내용과 방법 : BIM 모델, 아카이브(Archive), 교육교재 등
– 파일의 제출 포맷(format) 및 파일 교환방식
– 모델의 소유권

• 발주자 BIM 교육
• 사용 소프트웨어, 하드웨어
• BIM 수행을 위한 별도 공간의 구성, 운영방법
• 협력업체의 BIM 수행범위

협력업체와의 계약서 작성시 BIM 수행 포함 의무화

2. 업무의 효율성 향상(기업 내부요인)

기업 외부환경으로 볼 때 국내외 BIM 적용 프로젝트 발주는 건설사가 BIM을 도입하는 가장 큰 이유처럼 보이기도 한다. 하지만 현재 시점에서 국내 BIM의 적용이 의무화되고 있는 조달청 턴키 공사 빈도나 BIM 적용 프로젝트의 사례를 조사해 보면, 발주 빈도가 그렇게 많지 않다. 이런 측면에서 보면 건설사의 BIM 도입이 발주자의 BIM 적용 의무화에 따른 대비 때문이라고 하기에는 너무나 많은 시간을 BIM에 투자하고 있다.

그렇다면 왜 국내 건설사들은 BIM 도입을 위한 노력을 하고 있을까? 국내 대형 건설사들은 ENR[10]지 기준 글로벌 시공능력 상위 및 매출확대를 하기 위해 경쟁이 치열해지고 있으며, 10년 이내에 약 3배 정도의 매출 성장을 목표로 하고 있다.

또한 건설사는 과거 시공중심의 사업영역에서, 기획과 유지관리를 포함한 전체 프로젝트 생애주기를 대상으로 사업영역 확대를 하고, 이를 통해 매출액 및 이익률 향상을 추진하고 있다. 하지만 글로벌 경제위기로 건설경기는 침체되고 건설시장 내의 경쟁이 치열해지는 가운데 건설사의 수주 및 수익률은 갈수록 기대치를 만족시키지 못하고 있다. 이러한 시장 환경에서 건설사는 기존보다 훨씬 높은 생산성과 효율성을 갖추지 못하면 도태가 불가피한 상태에 있다. 매출이 늘어날수록 더 많은 인력이 요구되는데, BIM과 같은 IT 기술로 생산성과 효율성을 향상하려는 것이다.

10 세계적인 건설전문지인 ENR은 Engineer News Record의 약자

[표 2-3] 해외 프로젝트 BIM 효과(Eastman 외, 2008)	
프로젝트 명	효과
베이징 올림픽 수영장	엔지니어링 비용 75만 달러 절감
GM의 플린트 공장	공기 15% 절감
벤자민 디 홀	조달시간 405일 절감 및 RFI 80% 절감
메모리얼 병원	ROI 500%, 300만 달러 절감
원 아일랜드 이스트	공사비 10% 절감
카미노병원그룹 마운틴 뷰 의료사무소 건물단지	작업자 생산성 15~30% 증가, HVAC 공사비 3~4% 절감

또한 [표 2-3]과 같은 BIM 성공사례들은 불안한 시장 및 미래 전망을 해결하기 위해 BIM 기술이 도입되어야 하는 이유를 건설사에 제공하고 있다.

그리고 이러한 BIM 기술의 효과와 가능성은 Turner(미국), SKANSKA(스웨덴), YIT(핀란드), Maeda(일본) 등 유수의 해외 건설사 사례에서도 볼 수 있다. 또한 이러한 해외 건설사의 BIM 적용효과는 국내 대형 건설사들을 중심으로 BIM 전담 조직을 구성하고 다양한 파일럿 프로젝트 등을 통해 BIM 도입을 시도하도록 만들고 있다.

[표 2-4] 해외 건설사의 BIM 도입 현황	
기업명	주요 적용 내용
Turner (Seattle, 미국)	- 특성: 현장직원이 BIM 코디네이터 역할 수행 - 적용 분야: 설계검토/공종 간 간섭 검토/개산 견적/Site Planning - BIM 인프라: 본사 및 현장에 iRoom 설치/협업 시스템 구축 - 모든 프로젝트에 BIM 적용
SKANSKA (스웨덴)	- 특성: BIM 관련 Best Practice 발굴 및 관련지식, 정보 공유 - 적용분야: 견적/ 구매조달/ 유지보수/ 물류(BIM+RFID) 적용
YIT (핀란드)	- 특성:EVMS 지원 가능 5D 시스템(COVE; Cost & Value Engineering, Vico Software의 전신) 자체 개발 적용 - 적용 분야: 3D, 4D, 5D, 조달 - BIM 적용으로 최소 2% 이상 수익률 증대, 현재 적용 프로젝트를 30%에서 70%로 확대 예정
Maeda (일본)	- 특성:설계팀 포함 전사 조직 운영(3D 모델링 인프라 구축) - 적용 분야: 건축/구조/MEP 설계 및 간섭 체크, 시공관리 - 전체 프로젝트 20% BIM 적용(Design-Build: 50% 적용), 시공상세도 작성의 75% 적용, 견적 및 모델 서버 구축 형태로 발전 예정

BIM 도입 전략 2

1. 해외 건설사의 BIM 도입 전략

국내의 BIM 적용 프로젝트 수행이 조금씩 증가하면서 현장에서 BIM을 단순히 BIM 소프트웨어의 도입 또는 외주용역 방식으로는 제대로 쓸 수 없다는 것을 알게 되었다. 이제는 프로젝트에서 BIM을 원활히 사용하기 위해서는 소프트웨어뿐만 아니라 BIM에 맞는 업무 프로세스, 조직, 인력 등이 필요하다는 것을 깨닫게 되었다. 이러한 경험에 의한 노하우들은 많은 프로젝트 수행을 통한 BIM 기술 습득도 중요하지만 해외 건설사의 BIM 절차와 방법의 벤치마킹이 필요하다는 것을 일깨워 주었다.

해외 건설사들의 BIM 도입은 일반적으로 2D 설계를 3D 모델링으로 바꾸는 것에서 시작하여 3D를 이용한 가시화(Visualization), 간섭 체크(Clash detection)를 위한 체계를 우선적으로 마련한 다음, 4D 및 5D로 BIM 적용범위를 확장하고, 적용 수준을 단순 수량산출, 공정 시뮬레이션에서 BIM 기반 ERP(Enterprise Resource Planning)와 같이 보다 통합적이고 자동화하는 방향으로 추진되고 있다.

즉, 건설사의 BIM 도입은 BIM 기술의 고도화(3D → 4D → 5D → nD), 그리고 건설사의 업무 프로세스와 BIM의 융합정도에 따라 발전단계를 수립하고 있음을 알 수 있다. 초기 BIM 기술의 실무적용 단계에서는 3D를 활용한 시각화,

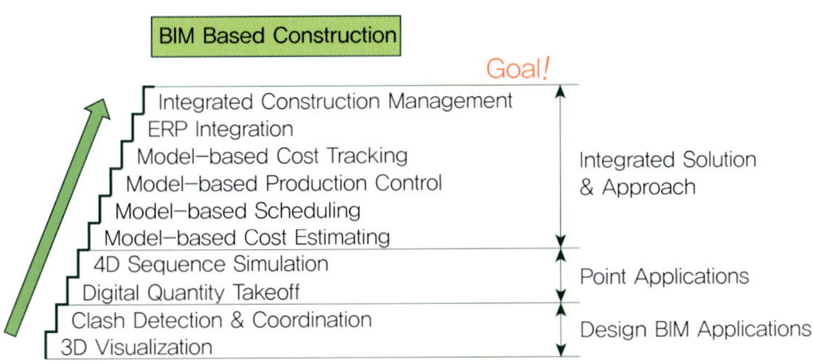

[그림 2-2] 해외 건설사의 BIM 추진 방향(www.vicosoftware.com)

간섭 체크로 프로젝트를 수행하고, 두 번째 단계인 시공 시뮬레이션과 수량산출에 BIM을 활용한다. 건설 프로세스와 융합 단계에서는 BIM과 기존 건설 프로세스와의 융합으로 건설사의 시스템과 BIM이 융합하여 건설관리 효율을 높이는 순서로 BIM 기반 건설관리시스템은 진화한다.

한편, 해외 프로젝트에서 BIM의 도입목표와 적용범위 설정, 수행 프로세스 및 인프라 등을 정의하는 것을 BIM 수행 절차서(BZM Execution Plan)라고 한다. 그러한 예로 미국 공병단(USACE; US Army Corps of Engineers)이 빌딩스마트와 펜실베이니아 대학과 함께 만들어 제공하고 있는 USACE BIM Project Execution Plan(USACE PxP)이 있다.

이 중, USACE BIM Project Execution Plan의 BIM 계획 수립 절차를 살펴보면

① BIM 수행목표와 사용자를 결정하고 프로젝트와 팀의 가치를 정의한다.
② BIM 적용/도입 분야를 결정한 다음, 정보교환을 포함한 BIM 실행 프로세스를 정의한다.
③ 정보의 내용, 모델의 LOD, 모델에 대한 기준, 운영기준 등을 포함한 각 정보와 관련된 책임 주체를 정의하고, 각 분야별 정보교환 방법을 규정한다.
④ BIM 프로세스를 지원하기 위한 각종 프로젝트 인프라를 계획한다.

와 같다.

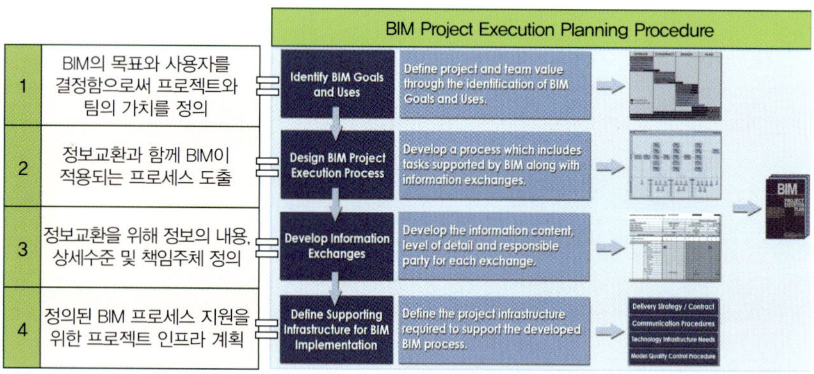

[그림 2-3] BIM 수행계획의 수립절차(PENNSATATE University, 2010)

이러한 BIM 프로젝트의 수행계획 절차서(BIM Execution Plan)를 건설사 전사차원의 레벨로 재분류하면 「1. BIM 도입목표 결정」, 「2. BIM 업무 프로세스 수립」, 「3. BIM 인프라」 구축으로 나누어 볼 수 있다.

1. BIM 도입목표 결정에서는 건설사의 BIM 적용가능성을 검토하고, BIM 적용분야별 현황분석 및 최종 의사 결정을 한다.
2. BIM 업무 프로세스 수립에서는 세부 업무 프로세스를 정의하고 그에 따른 관리계획을 수립하고, 실행을 통한 실적과 마지막에는 BIM 업무수행평가 및 성과 데이터를 관리한다.
3. BIM 인프라 구축으로 소프트웨어, 하드웨어, 인력관리 등의 BIM 기반을 구축해야 한다.

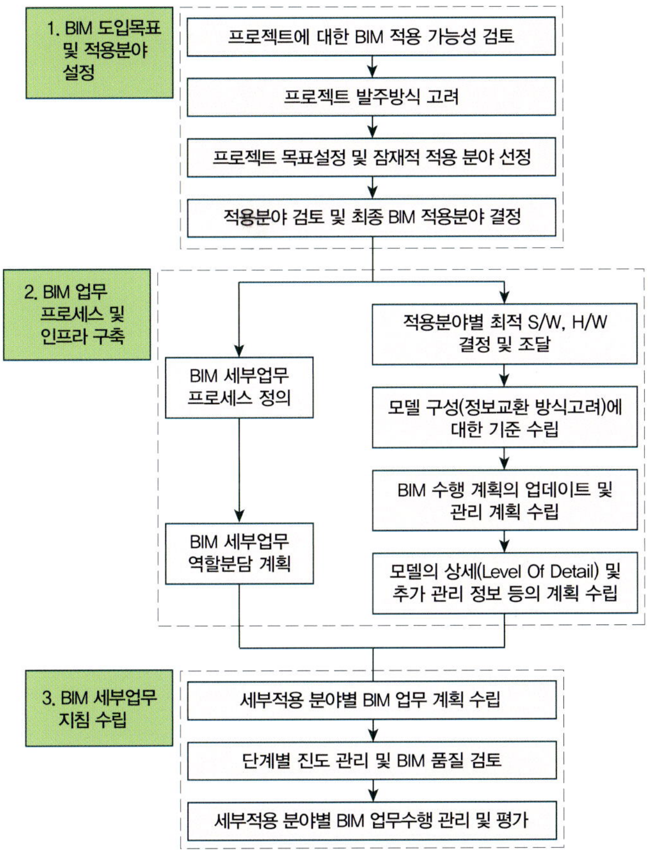

[그림 2-4] 기업 차원의 BIM 수행계획 수립 절차

2. 국내 건설사의 BIM 도입 전략

앞에서 본 해외 건설사와 프로젝트에서의 BIM 운영 사례는 국내 건설사로 하여금 BIM을 운영하기 위해서는 체계적이고 단계에 맞는 BIM 업무 프로세스, 조직, 인력, 소프트웨어, 하드웨어 등과 같은 인프라를 구축하고, BIM 도입의 목표와 범위를 명확하게 해야 된다는 것을 보여주고 있다.

[그림 2-5] 건설사 BIM 도입 목표 수립 회의 예(포스코건설)

국내 건설사 중 포스코건설은 BIM 도입 전략 수립시 우선적으로 BIM 도입의 목표와 도입 분야 설정을 하였다. BIM 목표 수립은 BIM 전사 추진반과 각 본부별 BIM 실무자들의 워크숍을 통해 이루어졌으며, 이를 통하여 회사의 BIM 도입 목표(Vision)를 'BIM을 통한 Smart work 실현(생산성 향상)'으로 하고, BIM 추진

건설사 추진 Vison: BIM을 통한 Smart work 실현

Value Chain	건축분야 BIM 적용기술
Plan	사이버모델하우스, 종합환경분석…
Engineering	BIM 간섭체크, 도면추출…
Procurement	BIM 조달…
Construction	BIM 공정,견적관리…
Operation & Management	CS(Customer Service) & BIM 연계시스템

BIM팀 추진 목표: BIM 인프라 구축

[그림 2-6] 기업 차원의 BIM 수행계획 수립 절차

구분(년)	2011	2012	2013	2014	2015	2016	2017	2018	2019	2020
the	BIM 도입		BIM 확대		BIM 정착					
	BIM 파일럿	BIM S/W 개발		BIM 관련 신기술 개발						

구분		단기(~2012)	중기(2013~2014)	장기(2015~2020)
설계/공정/견적 BIM	3D	• 파일럿 프로젝트: 정형 1, 비정형 1, 에너지절감형 건축물 1 적용 • BIM CENTER 구축	구조 S/W와 BIM S/W 연계	신도시 Simulation 구현
	4D		ERP 연계 공정 BIM S/W 개발	스마트기기와 공정 BIM 연계 시스템 개발
	5D		BIM 견적 S/W 개발	5D BIM & ERP 시스템 개발
유지관리 BIM		정보수집	파일럿 프로젝트 유지관리 BIM 구현	스마트기기와 유지관리 BIM 연계 시스템 개발

[그림 2-7] 건설사 단계별 BIM적용 로드맵 예(포스코건설)

조직의 목표는 'BIM 인프라 구축'으로 하였다. 또한 도입범위는 특정분야로 한정짓기보다는 건설 프로젝트의 전체 생애주기를 대상으로 하고, 단계별 핵심 기술 선정 및 적용기술의 난이도를 고려한 연차별 추진 방향을 설정하였다.

[그림 2-7]은 포스코건설사의 단계별 BIM 적용 로드맵 사례를 나타낸 것이다. 앞서 설명한 해외 건설사의 BIM 추진 및 정착화 방향과는 명칭은 다소 상이하나, BIM 기술 실무적용을 위한 'BIM 도입' 단계, 기존 건설 프로세스와 융합을 위한 'BIM 확대' 단계, 그리고 건설사의 경영 시스템과의 융합을 위한 'BIM 정착' 단계로 구분하고 있다.

• BIM 도입(1단계)

약 2년에 걸쳐 정형, 비정형, 에너지절감형 건축물(Green Building) 프로젝트를 BIM 파일럿(pilot) 프로젝트로 하여 설계 및 시공단계에서 3D, 4D, 5D BIM의 실무적용을 모색한다. 유지관리 단계는 정보수집 중심으로 준비를 한다.

• BIM 확대(2단계)

BIM 적용 프로젝트의 결과를 반영하여, 기존 건설 프로세스 운영을 위해 BIM 소프트웨어에서 미비된 기능보완과 프로세스를 구축하는 데 초점을 맞추어 업무를 추진한다. 주요 대상으로는 설계, 견적, 공정분야로, 건설 프로세스를 반영한 BIM 소프트웨어 개발 또는 개선을 통하여 BIM 적용 업무범위를 확장한다. 유지관리분야는 파일럿 프로젝트를 통하여 BIM 기술의 적용성을 테스트 한다.

• BIM 정착(3단계)

BIM과 회사의 경영 시스템의 융합을 모색하는 단계이다. BIM을 건설 프로세스뿐만 아니라 회사 시스템과 연결하여 설계, 시공, 유지관리까지 BIM 활용을 정착화시킨다. 설계분야는 신도시 시뮬레이션, 4D(공정)는 스마트 디바이스와 연계, 5D(수량산출 및 견적)는 회사 ERP 시스템까지 범위를 넓혀서 기술개발을 한다. 유지관리분야는 스마트 디바이스 및 유지관리 시스템과 BIM을 연계할 수 있는 시스템을 개발한다.

BIM 업무 프로세스 수립 3

BIM 업무 프로세스는 BIM 기술을 활용하여 프로젝트의 생애주기 동안 각 관련 참여자들이 효과적으로 업무를 수행하기 위한 것으로, 이를 지정하는 발주자(민간/공공), 설계회사, 시공회사, 협력업체, 대학 등 기관의 역할, 설계-시공 분리 발주(Design-Bid-Build), 설계-시공 통합발주 DB(Design-Build), T/K(Turn-key) 등 계약방식, 기관 내 소프트웨어, 하드웨어, 인력구성, 라이브러리, 문서 등의 템플릿 등과 같은 BIM 인프라 환경 등에 따라 각각 다르게 지정되고 있다.

1. 국내외 BIM 업무 프로세스 수립 현황

[표 2-5] BIM 가이드 사례

기관		가이드명	발간연도
미국	AGC	The Contractor's Guide to BIM	2006
	NIST	General Building Information Hand over Guide	2007
	AIA	BIM protocol Exhibit	2008
	GSA	BIM Guide Series 1~6	2008
	Penn State University	BIM Project Execution Planning Guide v2.1	2010
	Department of Veterans Affairs	VA BIM Guide	2012
	University of Southern California	Building Information Modeling Guildlines	2012
	NIBS	National BIM Standard-Version 2	2012
호주	CRC	National BIM Guidelines	2007
		National Guidelines for Digital Modeling	2009
싱가폴	BCA	Singapore BIM Guild Version 1.0	2012
독일	Building SMART 협회(독일)	User Handbook Data Exchange BIM /IFC	2006
덴마크	BIPS	3D Working Method	2006
핀란드	Senate Properties	BIM Requirements	2008
	COBIM Project	Common BIM Requirements 2012	2012
노르웨이	Statsbygg	BIM Manual	2008
영국	ACE(UK)	AEC(UK) BIM Protocol v2.0	2012
한국	조달청	BIM 발주 지침	2010
	국토교통부	건축분야 BIM 적용 가이드	2010
	가상건설연구단	BIM 적용 설계 가이드라인[건축/토목]	2010

국내외에서 많이 언급되고 있는 BIM 프로세스는 주로 공공기관 또는 연구 기관에서 발표된 것이 대부분이고, 내용들은 대체적으로 BIM에 관한 발주자의 관리업무와 발주자의 요구사항을 다루고 있다. 국내외 공공기관에서 제시하는 BIM 가이드라인 등을 참조하면 다양한 BIM 프로세스와 각종 기준 등을 알 수 있다. 그러나 이러한 지침들은 발주자 입장에서의 BIM 발주지침으로 현장에서 실무적인 BIM 지침으로 하기에는 부족한 면이 있다.

2. 국내 건설사 BIM 업무 프로세스 수립 사례

1) 개요

국내 시공 단계에서의 BIM 적용은 각 프로젝트가 요구하는 시공 단계의 BIM 목표달성에는 어느 정도 부합하나, BIM에 대한 건설사의 기대치인 설계 BIM의 재활용, 시공 단계에서 필요한 견적, 공정 등의 정보 추출 및 활용을 만족하기에는 부족한 상태이다. 따라서 BIM 데이터를 활용한 업무 자동화 및 생산성 향상을 위해서는 프로젝트 생애주기에 걸쳐 BIM과 관련된 업무 표준화의 추진이 필요하다.

업무 프로세스 구축은 유사 사례 조사, 국내외 BIM 가이드라인 분석, 그리고 자체 BIM 프로젝트 수행 경험을 바탕으로, BIM 기반의 설계, 시공 역량 확보에 초점을 맞추어 추진되었다.

구축범위는 「1) 설계 BIM 업무 프로세스」, 「2) 공정 BIM 업무 프로세스」, 「3) 견적 BIM 업무 프로세스」로 실제 프로젝트로 업무를 추진하면서 이루어졌다. BIM 업무 프로세스 표준화를 위한 시범 프로젝트[11]는 프로젝트의 전체 생애주기인 기본설계, 실시설계, 시공 및 유지관리에 BIM 적용이 계획된 프로젝트를 선정하였다. 또한 BIM 적용범위를 3D 모델을 이용한 모델링, 도면화, 간섭 및 시공성 검토뿐만 아니라 공정(4D), 견적(5D), 친환경을 포괄하여 건설사에서 필요한 BIM 업무 전반에 걸친 업무 표준화를 추진할 수 있도록 하였다.

[11] 시범 프로젝트는 지상 4층, 지하 1층의 오피스와 지상 3층의 공동주택, 조립형 모듈러 건축물로 구성되어 있으며, 2013년 준공될 예정으로 현재 시공중이다. 건물운영에 필요한 에너지를 태양광, 지열, 빗물 재활용 등 110여 종의 친환경 에너지원에서 확보하고, 포스코에서 개발한 내진(耐震) 강재를 적용해 안전성을 높이도록 계획했다는 특징을 가지고 있다.

[표 2-6] BIM 파일럿 프로젝트의 개요

프로젝트명	POSCO Green Building
용도/규모	연구시설/1개동, 지하 1층~지상 4층
구조	철골 철근콘크리트 구조
공사기간	2012.08.14 ~ 2013.08.13

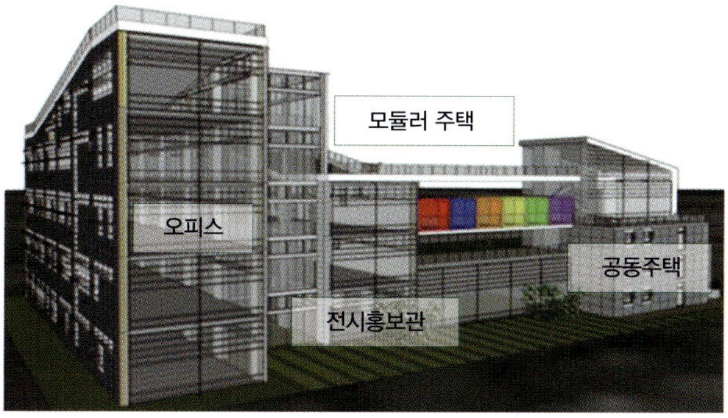

[그림 2-8] POSCO Green Building 프로젝트

적용된 BIM 3D 모델링 소프트웨어는 국내에서 많이 활용이 많이 되고 있는 Revit Architecture, Structure, MEP과 ArchiCAD(Add-on)으로 제공되는 MEP Modeler 포함)를 병행하였다. 4D(공정) 및 5D(견적)는 Vico Office[12]를 적용하였다.

설계단계의 BIM 모델은 시공단계에서의 BIM 데이터 활용이 가능한 모델링 기준 마련을 고려하여 추진되었고, 비용(5D) 및 공정(4D) 관리분야에서는 BIM 모델과 연계를 위한 WBS, CBS, OBS 등의 코드체계, 모델의 LOD, 동, 층, 부위 등과 같은 객체위치정보등과 같은 기준을 구축하고자 하였다. BIM을 하는 업무 프로세스는 설계 BIM, 견적 BIM, 공정 BIM의 추진 사례와 기존 업무 프로세스를 같이 고려하여 표준화하였다. 그리고 추진순서는 기존의 설계, 견적, 공정 업무의 프로세스를 정리하고, BIM 소프트웨어, 하드웨어 등의 시스템을 구축하고 BIM 소프트웨어별 모델링 방법, 설계, 견적, 공정 BIM의 연계 등을 고려하여 아래의 순서로 진행되었다.

12 Vico Office는 GraphiSoft사에서 분사한 VicoSoftware사에서 개발한 4D 및 5D 소프트웨어로, EVMS(Earned Value Management System; 일정 비용 통합 관리) 개념을 기반으로 4D, 5D 운영이 가능하다는 특징을 가지고 있다. 시스템은 핀란드 YIT 사에서 개발한 COVE 시스템을 기반으로 만들어졌으며, 과거 버전은 ArchiCAD와 연동되게 개발되어졌으나, 해당 벤더가 유럽에서 미국으로 본사를 옮기면서 Revit, Tekla 등 다양한 BIM 소프트웨어과의 연계기능이 추가되어 활용성이 증대되고 있다.

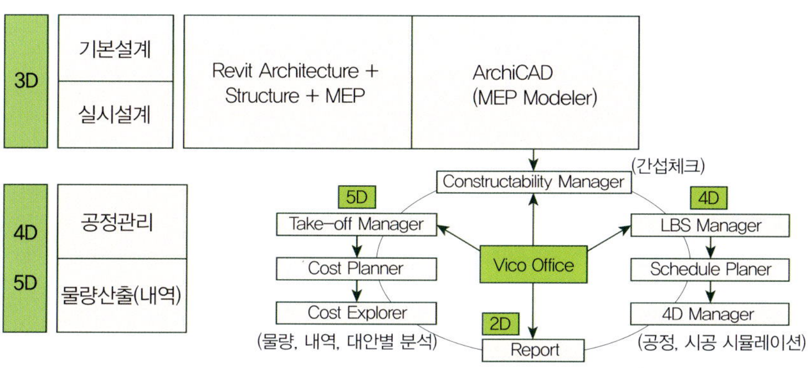

[그림 2-9] POSCO Green Building BIM 소프트웨어 활용범위

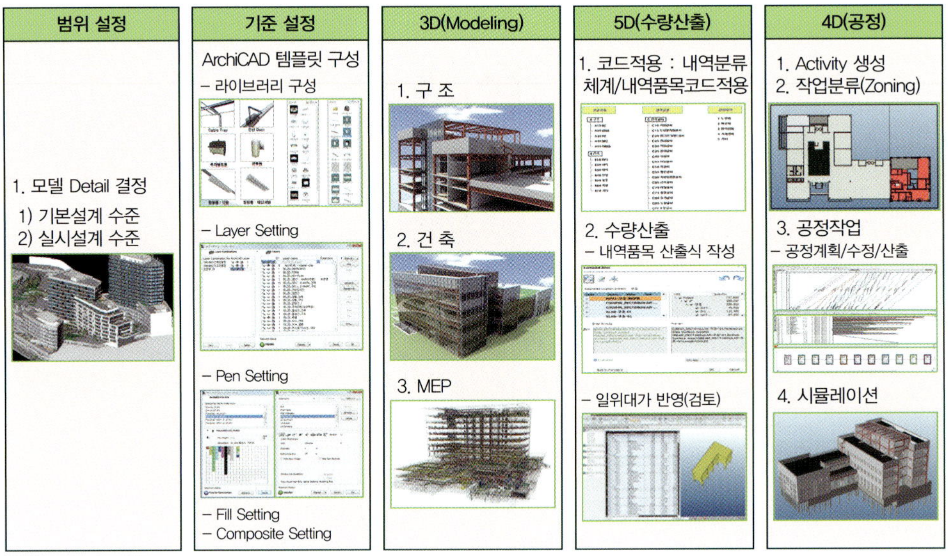

[그림 2-10] BIM 업무 프로세스 표준화 과정

1. 기존 업무 프로세스 정리
2. BIM 시스템 구축 및 특징 파악
3. 실무 적용 가능 부분 분석
4. BIM 적용을 위한 업무 프로세스 표준화
5. 관련 문서 표준화

BIM 적용을 위한 업무 프로세스 표준화는 설계에서부터 구조, 견적 및 시공에 이르는 전 과정을 전체적으로 도식화하여 업무 프로세스를 정리하고, 프로젝트를 수행해가면서 지속적으로 개정을 하여 완성도를 높였다.

[그림 2-10]은 4. BIM 적용을 위한 업무 프로세스 표준화 과정을 도식화한 것이다.

2) BIM 설계 프로세스 표준화

ArchiCAD와 Revit을 활용하여, BIM 기반 설계 업무 역량 및 기준 설정을 목적으로 업무를 추진하였으며, 시공 단계에서 설계 BIM 모델의 원활한 활용을 위해 초기 단계부터 건설사가 참여하였다.

① 도면화 기준설정

도면작성 기준설정을 위해서 BIM 모델링 전에 LOD(Level Of Detail)를 1차적으로 정의하고, 작업방법, 활용처 등을 고려하여 다양한 테스트를 진행하였다. 이러한 과정을 거쳐 도면화, 견적, 시공 등을 고려한 모델 방법과 상세수준에 대해 재정의하였다. 또한 BIM 소프트웨어별 기준을 레이어, ID, 해치, 재질 등 작성

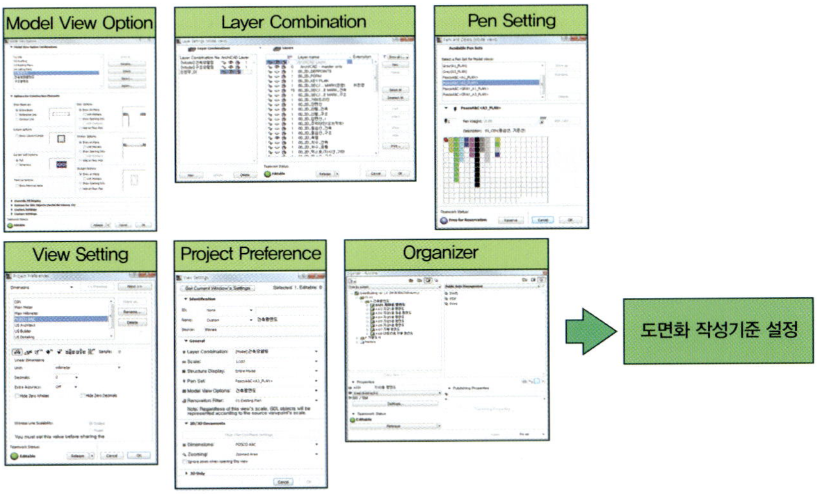

[그림 2-11] 도면화 작성기준 과정

기준과 같이 마련하였다. BIM의 도면화 작성 기준 범위는 소프트웨어의

- 3D Model View Option, Layer Combination
- Pen Setting
- View Setting
- Project Preference
- Organizer 등의 템플릿

을 작성기준으로 설정하였다.

② 도면화 범위 설정

설계 BIM 모델에서 도면을 추출하는 데 있어서 BIM에서 데이터를 추출하여 도면을 작성하는 부분과 기존 2D CAD를 활용하여 도면을 작성하는 부분으로 구분하였다. 도면 작성시 효율성을 기준으로

● : BIM 모델에서 데이터 추출 및 도면 작성
◐ : BIM 모델에서 데이터만 추출
○ : 기존 2D CAD 활용 도면 작성

으로 나누어 구분하여 BIM을 활용한 도면범위를 설정하였다.

모든 도면의 요소를 BIM으로 추출하기보다는 도면의 주기, 보조선 등과 같이 기존 방식(2D)이 더 생산적인 부분과 커튼월 등과 같이 업체에서 상세도를 받는 경우는 기존 2D CAD 소프트웨어를 활용하는 방식으로 작업을 수행하였다. BIM 파일에서 데이터를 추출하는 도면은 3D 투시도 형태를 포함하여 도면의 이해를 쉽게 할 수 있도록 하였다.

[표 2-7] BIM 모델로부터 추출한 도면 범위 예

도면 No.	도면명	축척	BIM의 도면화 범위		
G000	표지	NONE	●		
G001	도면목록표 - 1	NONE			○
G002	도면목록표 - 2	NONE			○
G003	조감도	NONE	●		
G004	투시도 - 1	NONE	●		
G005	투시도 - 2	NONE		◑	
A001	건축 일반사항 - 1	NONE			○
A002	건축 일반사항 - 2	NONE			○
A003	설계개요	NONE			○
A004	종합 배치도	1/2000			○
A005	배치도	1/150	●		
A006	면적 산출 근거표 - 1	1/250	●		
A007	면적 산출 근거표 - 2	1/250		◑	
A031	단열 계획도 - 1	1/300			○
A032	단열 계획도 - 2	1/300			○
A033	방화 계획도 - 1	1/300			○
A034	방화 계획도 - 2	1/300			○
A035	방수 계획도 - 1	1/300			○
A036	방수 계획도 - 2	1/300			○
A037	1층, 1층 중층 공동주택 단열결로 및 방수 계획도	1/100			○
A038	2층 공동주택 단열결로 및 방수 계획도	1/100			○
A051	요소기술 안내도 - 1(배치도)	NONE			○
A052	요소기술 안내도 - 2(지하 1층)	NONE			○
A053	요소기술 안내도 - 3(1층)	NONE			○
A054	요소기술 안내도 - 4(2층)	NONE			○
A055	요소기술 안내도 - 5(3층)	NONE			○
A056	요소기술 안내도 - 6(4층)	NONE			○
A057	요소기술 안내도 - 7(공동주택 base Model)	NONE			○
A058	요소기술 안내도 - 8(공동주택 60% Model)	NONE			○
A059	요소기술 안내도 - 9(공동주택 100% Model)	NONE			○
A071	장애인 편의시설 일반 사항	NONE			○
A072	장애인 편의시설 설치도	NONE			○
A081	실내 재료 마감표-1	NONE			○
A082	실내 재료 마감표-2	NONE			○
A083	실내 재료 마감표-3	NONE			○

■ 지상 1층 구조평면도

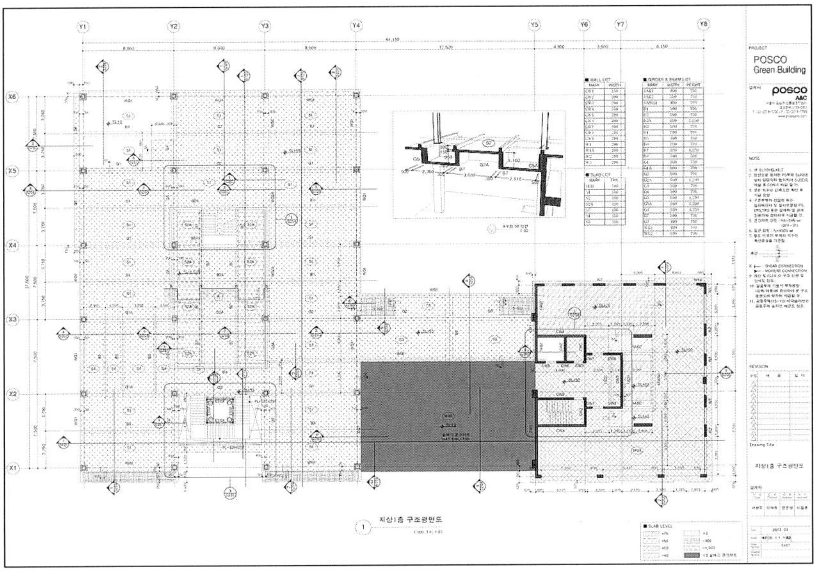

■ 지상 1층 평면도

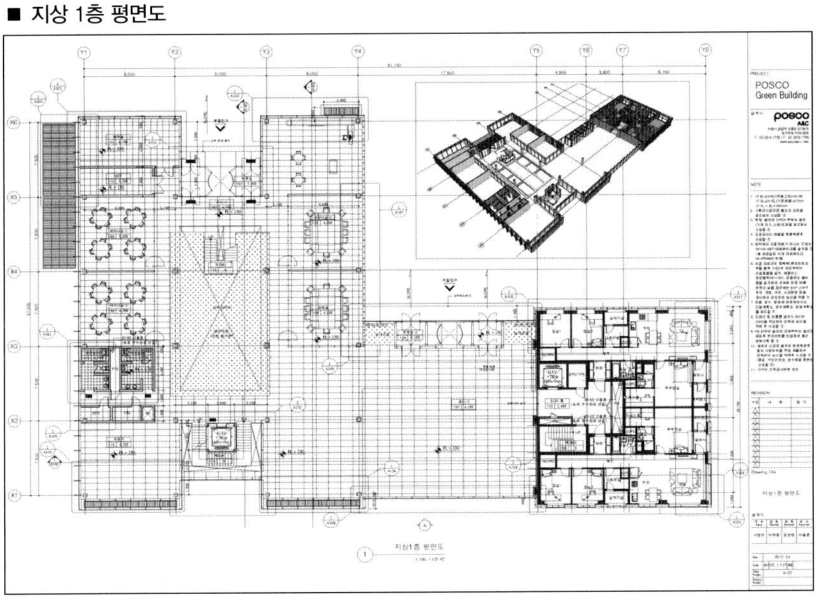

[그림 2-12] BIM 모델로부터 추출한 도면화 예

③ 수량추출을 위한 모델링 기준설정

설계작업 시 모델링 방법에 따라 수량산출에 영향을 끼치는 점을 고려하여 공종 및 객체별 체크 항목과 모델링 방법에 대한 기준을 설정하였다.

구분	이미지	확인 필요	모델링 방법
계단	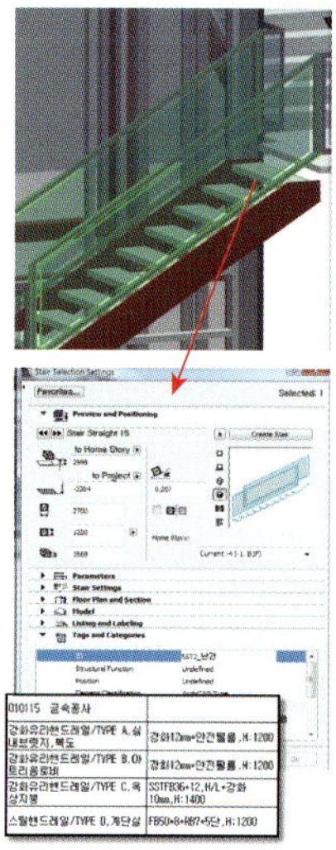	1.계단은 모델링 하기전에 내역서 검토 필요 ex) 금속공사 2.내역품목에 핸드 레일이 구분되어 있는지 확인 3.핸드레일은 개별 모델링을 하지 않고 계단 Tool을 활용하여 산출(단, 계단에 부착된 핸드레일일 경우)	핸드레일은 개별 모델링을 하지 않고 건축 계단의 ID에 핸드레일 Type을 추가 기입(계단 Tool에 핸드레일 기능이 추가되어 있어 함께 모델링 가능함) ex) 계단ID 작성기준 · 계단ID_난간 Type

[그림 2-13] 수량산출을 고려한 BIM 모델링 기준 예

3) BIM 5D 업무 프로세스 표준화

BIM 기반의 수량산출 및 견적(5D)은 BIM 도입분야 중 국내 대형 건설사에서 관심을 두고 추진하고 있는 부분이다. 시범 프로젝트 또한 과거 다수의 BIM 프로젝트 수행경험을 바탕으로, 5D BIM 적용을 위해 시도되었던 내역 체계 등의 검증을 목적으로 추진되었다. 5D 업무 프로세스를 구축하기 위해서 다음과 같은 순서로 표준화하였다.

① 기존 내역서 검토

기존의 특정 프로젝트를 대상으로 만들었던 BIM 기반 견적내역항목들은 새로운 프로젝트에서 추가되는 공법들과 자재들로 인해 재활용률이 절반에도 미치지 못하는 문제를 가지고 있었다. 따라서 현재 견적업무에서 사용하고 있는 표준내역항목을 BIM 기반 견적에 활용하기 위한 항목 분류체계에 재정의하였다.

② 5D 모델 기준작성

설계 BIM에서 정의한 모델 'LOD'와 '수량추출을 위한 기준설정'을 반영하였다. 내역항목별로 정의된 해당 BIM 객체의 수량추출 속성인 개소, 부피, 길이, 면적 등과 모델의 LOD를 검토하여 내역별 수량추출에 필요한 정확도와 모델의 상세도가 상이한 부분에 대해서는 모델링을 수정하여 5D BIM 모델을 생성하였다.

③ 모델 분류 체계작성

(사)빌딩스마트협회에서 발표한 KBIMS 0.9를 기준으로 모델 분류체계를 구성하였다.

④ 코드 적용

수량산출을 위해서 5D BIM 소프트웨어의 내역항목 DB를 구축하고 코드를 적용하였다. 적용된 방식은 견적의 내역항목을 3D 객체(Object)와 매핑하기 위해 항목 분류체계를 재조합한다.

⑤ 수량산출

해당 내역항목이 3D 객체의 형상정보인 개소, 부피, 길이, 면적 중 어떠한 정보를 가지는지를 정의하는 방식이다. 단, BIM 기반 수량산출로 인해 발생되는 기존 2D 방식과의 수량 차이에 따른 단가조정과 할증 등의 변화에 대해서는 보다 많은 프로젝트 수행을 통한 검증이 필요한 항목으로 시범 프로젝트에서는 제외하였다.

⑥ BIM 기반 내역서 산출

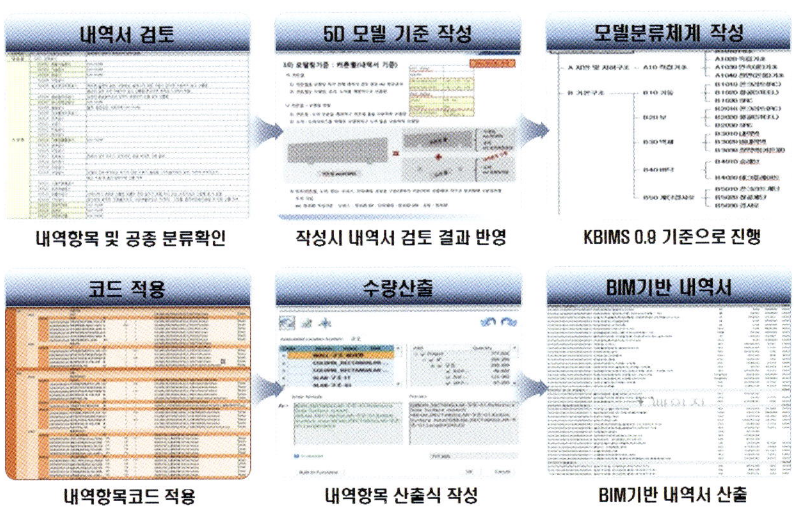

[그림 2-14] 5D(수량산출/견적) 프로세스

4) BIM 4D 프로세스 표준화

BIM 공정(4D)관리는 전문가가 아니면 이해하기 힘든 공정계획을 이해하기 쉽게 가시화하고, 이를 통해 정보오류로 인한 여러 리스크를 미연에 방지할 수 있다는 큰 장점이 있음에도 불구하고, 국내에서는 발주자 등의 보고용으로 인식되어

13 액티비티의 설정은 EVMS의 Control Account의 설정 방식과 유사하게 객체와 연결된 내역항목 분류체계를 응용하여 도출된 공종과 3D 모델을 이용한 공법, 가설, 장비 등을 고려한 공구 및 작업 zone을 결합하는 방식을 채택하였다.

실제 시공현장에서의 활용은 미비한 문제를 가지고 있었다. 4D 기술의 이용은 기존 실무에서 4D 이용의 한계를 극복하여, 실제 현장에서 공정계획, 시뮬레이션, 진도관리 등에 활용하기 위한 방안 도출을 목적으로 추진되었다. 기존의 4D 기술은 공정관리 소프트웨어인 Ms Project, Primavera 등을 이용하여 공정 계획을 수립하고, 3D 모델의 객체와 공정계획에서 수립된 액티비티[13](Activity; 작업 단위)들을 링크하여 작업순서를 가시화하였다. 그리고 일부 사례에서 타워크레인 등의 장비, 가설공사 및 작업자동선 등을 검토하는 수준에서 적용되었다.

시범 프로젝트에서는 기존 4D 시뮬레이션의 방식을 개선하기 위해 해외 등에서 적용되고 검증된 4D 프로세스를 적용하고 이에 대한 타당성 검증을 실시하였다. 4D 프로세스는 BIM 모델로부터 수량과 공사계획이 고려된 액티비티를 추출하고, 생성된 액티비티를 이용한 공정계획을 수립한 다음, 이를 4D 시뮬레이션하는 방식이다. 순서로는

1. CBS(Cost Breakdown Structure; 내역분류체계) 및 WBS(Work Breakdown Structure; 공정분류체계)를 고려하여 액티비티를 생성
2. BIM을 활용하여 위치와 액티비티를 연계(LBS 기반 WBS 구현)
3. 공정계획수립
4. 액티비티 간섭확인 및 인력투입 재조정과 같은 공정표 수정
5. 공정표 산출 : LOB(Line Of Balance), Gantt, Network 공정표로 변환하여 산출가능
6. 산출된 공정표를 BIM 모델과 연계하여 4D 시뮬레이션

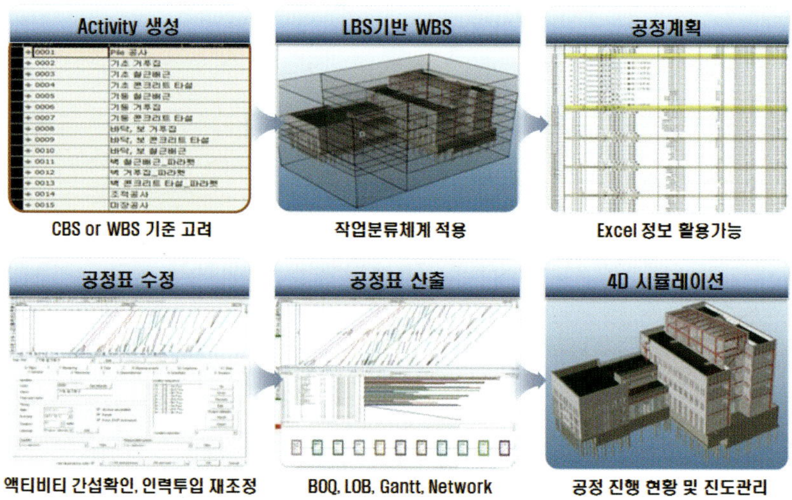

[그림 2-15] 4D(공정) 프로세스

4D에 관한 새로운 프로세스를 적용한 결과, 단순 보고용 동영상 수준의 공정시뮬레이션이 아니라 실제 공기산정 및 공정관리업무 효율화에 대한 가능성을 확인할 수 있었다. 하지만, 적용한 소프트웨어가 해외 기준을 따르고 있어 국내 공정 및 진도관리 방식과 WBS 구성 방식, 액티비티의 표현 방법 등이 차이가 있어 개선할 필요가 있는 것으로 나타났다. 따라서 공정관리실무에 4D 기술을 적용하기 위해서는 이러한 미진한 부분에 대한 지속적 보완, 다양한 소프트웨어의 검토를 통한 최적 솔루션 선정, 기존 시스템의 최적(Customization), 또는 인하우스(In-house) 형태의 소프트웨어 개발이 필요하다. (금대연, 2012)

3. 국내 건설사 BIM 세부 업무 프로세스 수립 사례

BIM 세부 업무 프로세스는 단순히 프로젝트 단위가 아닌 건설사 공통의 수행기준을 만드는 것이다. 따라서 이러한 세부 업무 프로세스는 설계 또는 시공단계에서 BIM 모델을 생성하고, 시공단계에서 BIM 모델을 보다 효과적으로 활용하는 데 초점이 맞추어져야 한다. 다음 사례는 시공단계에서 2D 도면을 BIM 모델로 전환하여 도면오류 및 공종간섭 보고서 및 BIM 기반의 SHOP Drawing 업무에 초점이 맞추어진 BIM 세부 업무 프로세스 지침서이다.

시공단계의 BIM 세부 업무 프로세스 지침서는 프로젝트 개요, BIM 수행 역할, BIM 데이터 범위, BIM 데이터 세부계획, BIM 업무 추진 일정 및 제출물 목록, 완료검사로 구성되어 있다.

일반 건축물의 BIM 수행 기준(예)

1. 프로젝트 개요

가. 적용 대상 – OO프로젝트

용도	OO시설			
규모	구분	지상	지하	규모
	OO	OOm²	OOm²	지하 OO층, 지상 O층
	Total	OOOm²		

나. 적용 목적

1) BIM 데이터를 효과적으로 활용하여 공종간 간섭을 체크하고 도면오류 및 누락을 시정함으로써 시공성을 향상시킨다.

2) OO프로젝트 시공단계 BIM 업무를 자체 수행함으로써 BIM 데이터 구축 및 활용기술을 확보하고 시공단계 BIM 업무 프로세스를 확립한다.

다. 업무범위

구분	업무내용	결과물	비고
구조, 건축	CD 100% 도면에 따른 모델링 및 수정	-BIM 원본파일 -Check List -BIM 기반 SHOP Drawing	현장수행
기계, 소방, 전기, 통신			협력업체 수행
인테리어			

라. 사용 소프트웨어 및 교육

1) 사용 소프트웨어 : OOS/W

2) 교육 대상자: OO프로젝트 BIM 담당자 및 관련 협력사

2. BIM 수행 역할

가. 현장대리인(SM)

현장대리인은 OO현장의 설계, 시공단계의 BIM 데이터의 통합관리를 하도록 한다.

나. 공사팀장

각 건축/기계/전기 공사팀장은 각 공종별 BIM 기반의 3D모델링 및 도면을 바탕으로 공정회의 또는 타 공종과의 협의 시에 활용하도록 하며, 간섭 발생시 BIM 설계팀장과 협의하여 조정하도록 한다.

다. BIM 설계팀장

- 각 협력사별, 공종별 BIM 데이터 작성 및 통합업무를 통해 공종간섭 시 이를 조정하는 역할을 한다.
- 공사의 모든 내용을 BIM을 통해 준공 시까지 발생되는 현장변경 내용을 정확히 BIM 데이터에 반영하여 현장과 일치하는 준공 BIM 데이터를 구현함으로써 추후 유지·관리에 활용할 수 있도록 한다.
- OO현장의 공종별(기계, 소방, 전기, 통신 및 인테리어) 협력사 입찰 참여 대상업체에 대하여 BIM 적용을 포함한 현장설명조건 공개 후 입찰을 시행한다.

일반 건축물의 BIM 수행 기준(예)

라. 협력사

- OO현장에서는 각 공종(기계, 소방, 전기, 통신 및 인테리어)별 BIM 적용 범위에 대하여 기술하고 해당 공종별 협력업체로 선정된 업체는 계약 체결과 동시에 BIM 소프트웨어관련 교육을 받아 BIM 파일, 체크리스트, BIM 기반 SHOP Drawing 및 VR File 작성 등 해당 공종별 실무에 적용한다.
- BIM 업무를 수행하도록 선정된 각 공종별 협력사는 해당 공종 시공계획서 제출 시 BIM 기반 3D SHOP Drawing 작성계획을 시공계획서에 첨부한다.
- 설계변경 또는 기타 추가사항은 수시로 BIM 데이터에 반영하여 준공 시 현장 내 모든 변경사항이 반영된 최종 BIM 데이터를 제출하도록 한다.

3. BIM 수행 범위

가. 공종별 범위

기계, 소방, 전기, 통신 및 인테리어의 BIM 요구부분

나. 3D BIM 검토범위

구분	활용 범위	
도면 오류	도면 누락 체크	도면 누락사항
	도면 간 상이사항 체크	기본도면/부재리스트/확대도면/상세도 간 상이 사항
공종 간 간섭	각 공종 간 간섭 체크	건축, 구조를 포함한 타 공종과 MEP 공종 간의 간섭사항
Engineering Consulting	시공개선 제안	공종 간 간섭사항 시 시공개선을 위한 효율적인 대안 제시

4. BIM 데이터 세부계획

가. BIM 데이터 작성 공통기준

1) 공종별 BIM 데이터의 작성계획 수립

가) 공종별 객체의 작성 대상

분야	각 공종별 최소 부재 작성 대상
기계, 소방	- 전 층에 해당하는 공조덕트, 공조배관, 위생배관, 가스배관, 소화배관 등 각 공종별 장비 및 밸브류 - 각 공종별 해당 기구류 및 관련 요소
전기, 통신	전 층에 해당하는 Cable Tray 및 Cable Duct, Bus Duct, Raceway, 조명기구, 함 및 패널류, 발전기 등
인테리어	전 층에 해당하는 인테리어 공사분(각 부분별 마감, 포이어 등)

2) BIM 데이터 작성 구분

가) 공종의 유체별 세분화가 필요한 경우 레이어를 세분화하여 작성해야 한다(위생배관의 경우: 급수, 급탕, 환기, 통기관 등 각각 레이어 구분).

나) 각 부위별 적용객체는 지정 소프트웨어의 해당 객체 기능을 사용함을 원칙으로 한다(예: 스파이럴 덕트는 원형 덕트 입력 기능으로 입력, 배관은 파이프 입력기능으로 입력, 벽 마감은 벽 입력 기능으로 입력).

일반 건축물의 BIM 수행 기준(예)

3) 상세수준 및 단위

가) BIM 데이터 상세수준

BIM 데이터의 상세수준은 도면표현 기준으로 1/200 내외로 한다.

나) BIM 데이터의 단위

BIM 데이터의 기본단위는 밀리미터(mm) 사용을 원칙으로 한다.

다) 치수의 사실 부합성

각 공종별 부재의 치수는 사실과 다르게 임의로 적용하지 않는다.

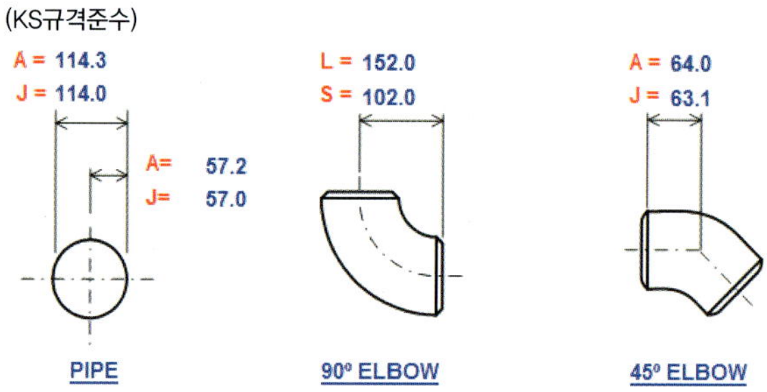

[KS규격에 따른 MEP 부재의 BIM 적용 예]

4) 객체의 층 입력 기준

가) BIM 데이터작성 시 각 공종별 객체의 층 입력오류로 인해 해당 층에 시공되어야 하는 부재가 2D와 3D View상에 보이지 않는 문제점을 사전에 방지하기 위해 본 기준을 마련한다.

나) 공종별 객체의 층 입력단위

각 공종별 객체는 층 단위로 입력한다.

다) 공종별 객체의 층 구분입력

내부 Shaft 및 기타 입상부재들의 작성 기준은 해당 층의 슬래브 상단부터 상부층의 슬래브 상단까지의 레벨을 해당 층 객체로 포함한다.

라) 여러 층에 걸친 객체의 입력

건물 내부 및 외부 입상부재가 여러 층에 연결되는 경우 층 단위로 구분하여 입력하며, 만일 층 단위의 구분이 곤란할 경우 객체를 최하층에 입력한다.

5) 파일의 구성

가) 건물별 파일구성

BIM 데이터 파일은 BIM 데이터 작성을 통한 공종간섭 및 기타 오류사항이 해결된 내용을 각 공종별 단일파일로 구성하여 제출함을 원칙으로 한다.

나) 건물별 파일의 분리

- 발주처의 요구나 기타 사항에 따라 분리가 필요한 경우에는 파일을 분리하여 제출할 수 있다.
- 공종별 분리된 파일을 하나로 통합할 경우 반드시 통합된 하나의 파일만으로도 전체내용이 검토될 수 있도록 제출해야 한다.

나. 공종별 BIM 데이터 작성 요소

1) 기계, 소방, 전기, 통신 및 인테리어

가) 공통사항

- 각 공종별 기본요소 표현: Pipe, Duct, Cable Tray, Bus Duct, Race way, 조명기구 등
- 각 공종별 해당 장비 표현: 공조장비 및 펌프류, 밸브류, 탱크류, 기구류 등

일반 건축물의 BIM 수행 기준(예)

- 각 장비 및 기기의 표현정도는 외형크기 중심의 간략한 수준의 모델링

나) 모델링 표현 제외부분
- 기계 및 소화설비: 매립배관 및 부속류
- 전기 및 통신설비: 매립부분 및 케이블, 전선관
- 각 공종별 객체를 지지하는 지지물 일체

다) 기계설비 세부입력사항
공조장비 및 펌프류, 밸브류, 탱크류, 기구류 등

공종구분		내용	적용	미적용
공조덕트	덕트_직관	Duct Straight	O	
	덕트_엘보	Duct Elbow	O	
	덕트_티	Duct Tee		×
	덕트_플랙시블	Flexible Duct		×
	보온재	재질 구분 없이 두께만 적용	O	
	댐퍼류	각종 댐퍼류		×
	덕트 가대 및 기타	Hanger, Angle, Sleeve 등		×
	덕트 기구류	Chamber, 각종 Diffuser, Grill, Louver 등	O	
	장비류	기계실 및 각실 공조장비	O	

라) 전기설비 세부입력사항

공종구분		내용	적용	미적용
조명 및 전열 설비	레이스 웨이	Race Way Straight	O	
	레이스 웨이 엘보	Race Way Elbow	O	
	기타 피팅류	Box conn., Joint box, Junction box		×
	전등	각 타입별 전등	O	
	전열	전열기구		×

2) 인테리어

가) 일반사항
- 각 공종 인테리어 모델링 표현 범위: 바닥마감, 벽마감, 천장마감, 걸레받이, 몰딩, 우물천장 등
- 수성페인트, 무늬목 시트, 도료 등의 표현은 생략한다.

나) 인테리어 마감재의 표현
- 벽, 바닥 등의 인테리어 마감재는 전체 두께를 하나로 표현하며, 특화시켜 표현되어야 할 인테리어 요소나 발주처 요구 시 특정실에 대한 세부표현이 가능하다.
- 외부벽의 장식요소, 천장마감재, 바닥마감재 등을 지지하기 위한 각종 부속자재 및 철물 등은 생략한다.
- 석재, 타일의 형태 및 줄눈 나누기는 재질로 표현한다.

일반 건축물의 BIM 수행 기준(예)

다) 인테리어 세부입력사항

구분	내용	적용	미적용
외부 마감재	알루미늄 복합 패널, 석재 외부 마감 등	○	
마감재의 표현	전체 두께로 표현	○	
	마감재별 상세 표현		×
몰딩 등	외벽 몰딩 및 케이싱		○
	걸레받이 및 실내 몰딩		○
천장	전체 마감두께로 표현	○	
	달대, 경량철골 천장틀, 기타 철물		×
	커튼박스	○	
	우물천장	○	
벽	아트월	○	
계단	핸드레일	○	
	논슬립, 조면판		×

5. BIM 업무 추진일정

구분	내용							비고
	D	D+1	D+2	D+3	D+4	D+5	D+6	
	1 2 3 4	1 2 3 4	1 2 3 4	1 2 3 4	1 2 3 4	1 2 3 4	1 2 3 4	
기계	■	■	■	■	■	■	■	결과물 포함
소방		■	■	■	■	■		
전기	■	■	■	■	■	■		
통신	■	■	■	■	■	■		

6. 제출물 목록

항목	내용
BIM 원본 데이터	원본 데이터에서 oo확장자로 저장된 파일
체크리스트	설계도면의 누락사항, 불일치, 오류사항 및 공종 간 간섭사항에 대한 체크 리스트
VR 파일	원본데이터에서 VR 파일형식으로 변환된 파일
SHOP Drawing	BIM 데이터를 이용한 2D SHOP Drawing

7. 적용 소프트웨어

분 야	프로그램
기계, 전기, 통신, 소화설비 및 인테리어	oo소프트웨어

• 선정기준

1) 3D 모델링 소프트웨어와 4D, 5D 확장성

2) IFC와 같은 중립 파일 데이터와의 호환성

일반 건축물의 BIM 수행 기준(예)

8. 제출물

가. BIM File : 라이브러리(패밀리)를 포함한 소프트웨어 원본파일, IFC 중립파일

나. Check List(공종 간 간섭 및 오류보고서)

번호	검토내용	체크관련도면 및 문제사항		관련도면	비고
09	 KEY PLAN 〈지상4층〉 128m² 단위 세대에서 주방 TV전원과 TV통신 위치가 상이함	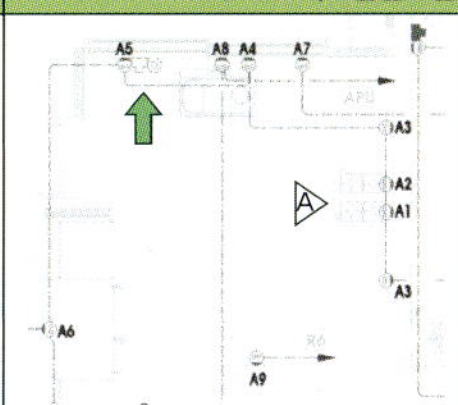 128m² 단위세대 전열설비 평면도	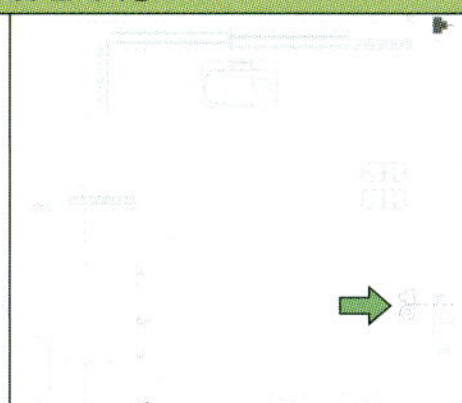 128m² 단위세대 약전설비 평면도	EP-322 128m² 단위세대 전열설비 평면도	
		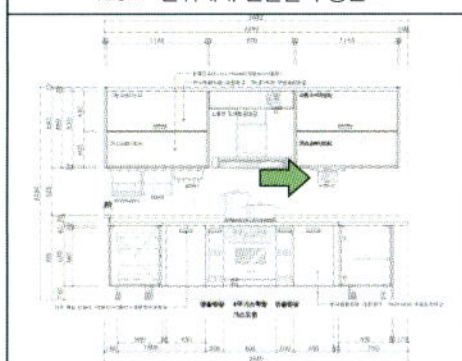 주방 인테리어 입면도 A - 주방 TV	 3D 이미지 - 주방 TV 전원과 주방 TV 위치가 상이함	ET-210 128m² 단위세대 약전설비 평면도	

다. BIM 기반 SHOP Drawing

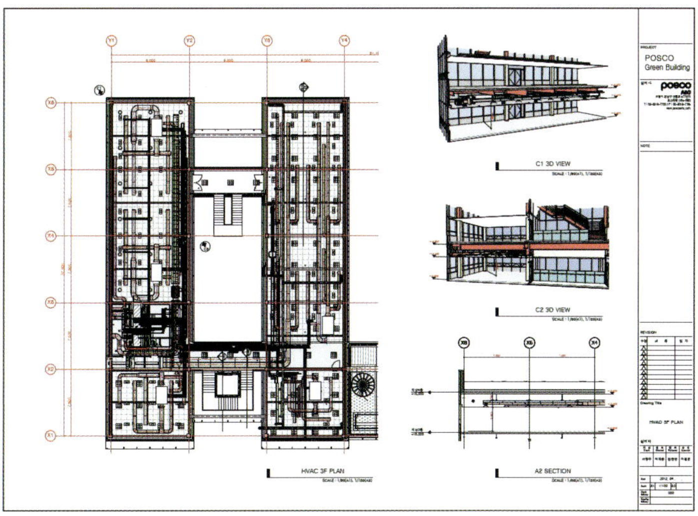

[BIM 기반 3D SHOP Drawing-1]

일반 건축물의 BIM 수행 기준(예)

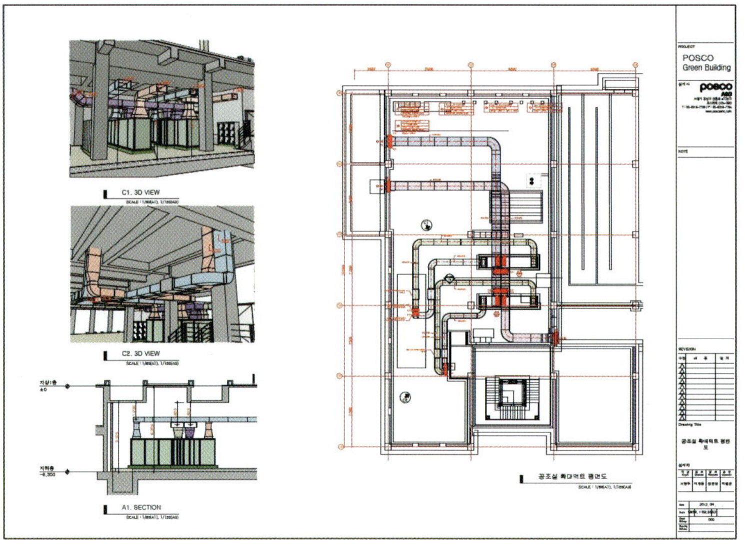

[BIM 기반 3D SHOP Drawing-2]

라. VR 파일

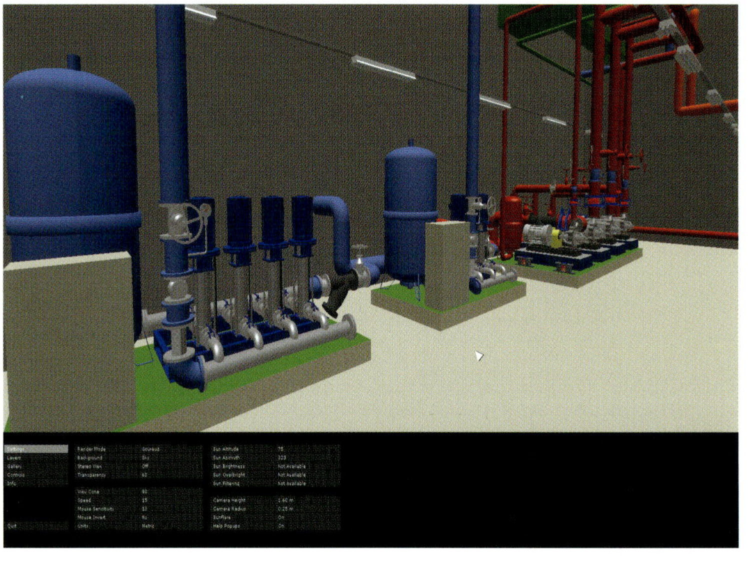

일반 건축물의 BIM 수행 기준(예)

9. 완료 검사

가. 중간 완료

1) 각 협력사는 BIM 기반의 시공관리가 이루어질 수 있도록 BIM 데이터를 지정일까지 3D모델링, 체크리스트, BIM 기반 SHOP Drawing을 작성하여 제출하여야 한다.
   * 체크리스트란 착공 전 각 공종별 검토된 공종간섭 체크 보고서이다.
2) 공종별 협력사는 각 공종별 BIM 데이터를 제출하여 BIM 통합관리를 할 수 있도록 한다.
3) 공사 수행중 발생된 설계변경 사항은 즉시 BIM 데이터에 반영하여 시공사의 승인을 받아야 한다
4) 각 공종별 협력사는 중간 완료검사 시 BIM 데이터와 현장설치 사진을 함께 제출하여 완성 검사를 받도록 한다.

나. 최종 완료

각 공종별 협력사는 최종 완료검사 시 BIM 데이터와 현장설치 사진을 함께 제출하여 완성검사를 받도록 한다.

다. 기타 활용사항

1) 각 공종별 BIM 데이터에서 추출된 VR(Virtual Reality) 파일을 발주처 업무보고 및 공종간 의사결정 회의시 활용할 수 있도록 한다.
2) 착공 전 현장 상주인원 및 BIM운영인원을 대상으로 BIM 활용교육을 받아 BIM 데이터(파일, 체크리스트, VR 파일, 3D SHOP Drawing)를 작성하여 제출하여야 한다. 여기서 체크리스트란 착공 전 각 공종(기계, 전기, 통신, 소화설비, 인테리어 등)별부터 3D 모델을 통해 검토된 통합 공종간 간섭 체크 보고서를 말한다.
3) 공사 수행중 발생된 설계변경 사항은 즉시 BIM 데이터에 반영 및 승인을 받도록 하여야 한다.

4 BIM 인프라 구축

1. 인프라의 필요성

국가산업 발전단계에서 도로, 항만, 공항과 같은 인프라(Infra)가 필수 기반시설인 것과 같이 건설사 내부에 BIM 적용을 활성화시키기 위해서는 BIM의 인프라 확충이 필요하다. 현재의 국내 BIM은 BIM 모델을 활용한 도면 오류 및 공종 간섭 체크, 시각화를 업무에 적용하는 몇몇 단위 기술에 한정되어 있고, 기존의 업무를 BIM 기반의 업무로 대체하기 위해서는 아직 갈 길이 먼 상태에 있다.

[그림 2-16]에서 보듯이 건설사의 BIM 도입 기간별 로드맵은 BIM 도입기, BIM 정착기, BIM 성숙기로 나눌 수 있다. BIM 도입기에서 BIM 정착기로 가기 위해서는 BIM 인프라가 필요하다. 실무에서 BIM을 도입하기 위해서는 무엇보다도 BIM 소프트웨어, 하드웨어, 인력 같은 BIM 인프라가 구축되어야 하고, 이러한 인프라를 기반으로 업무 프로세스가 정의되었을 때, 보다 효과적인 업무수행이 가능하다.

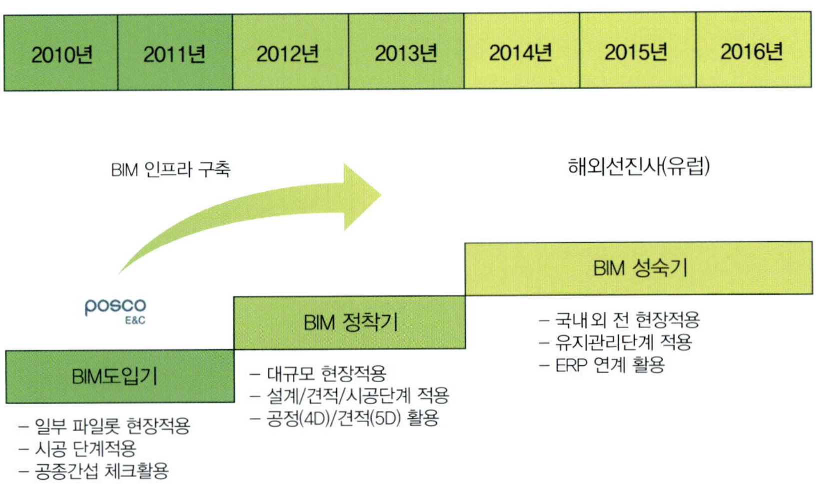

[그림 2-16] BIM 로드맵 예

[표 2-8] 건설사 BIM 인프라 추진계획 예(포스코건설)

대분류	내용	연도				
		D	D+1	D+2	D+3	D+4
S/W	소프트웨어 표준					
	라이브러리 구축					
	모델링표준					
	협업 계획					
H/W	BIM 서버(Server)					
	스마트 디바이스					
	3D 레이저 스캐너					
	광파기/GPS					
조직/인력	교육계획 수립					
	내부 BIM 인력 양성					
	외부 협력사 육성					

[표 2-8]은 2010년부터 BIM 인프라를 구축하기 위해 국내 건설사에서 수립한 계획표이다. 이어 소프트웨어 분야에서는 라이브러리 구축을 우선적으로 하고, 소프트웨어, 모델링 표준지침을 구축하려고 한다. 하드웨어 측면에서는 BIM 서버 구축, 스마트 디바이스 및 측량 장비와의 연계를 계획하고 있다는 것을 알 수 있다. 그리고 조직·인력 측면에서는 내부조직과 인력, 그리고 외부 협력사를 구분하여 교육 및 인적자원 확보를 계획하고 있다.

2. BIM 인프라 구축 사례

1) 소프트웨어

BIM 소프트웨어는 프로젝트의 성격, 발주자, 설계사, 건설사에 따라 다양하게 결정될 수 있다. 건설사에서는 발주자가 설계 또는 시공단계에서 어떤 BIM 소프트웨어를 쓸 것인지 요구하는 경우, 그 소프트웨어를 활용하여 공사를 수행한다. 그래서 특정한 BIM 소프트웨어를 건설사가 정하여 쓰기보다는 국내에서 많이 활용되는 소프트웨어 전반에 대한 활용을 고려한다는 것이다.

[그림 2-17]과 [그림 2-18]은 BIM 소프트웨어의 호환성 체계도로 국내에서 많이 쓰이는 ArchiCAD 및 Revit과 호환되는 소프트웨어 및 호환가능한 데이터 포맷을 정리한 것이다. 그림과 같이 BIM 모델정보의 재활용을 위하여 IFC 기반의 개방형 BIM과 특정 파일포맷 방식 또는 인터페이스를 활용하는 방식으로 운영된다. 프로젝트 수행 시 고려 가능한 BIM 소프트웨어의 특징과 소개는 이 교재의 부록 '2. BIM 소프트웨어의 종류와 특징'에서 설명한다.

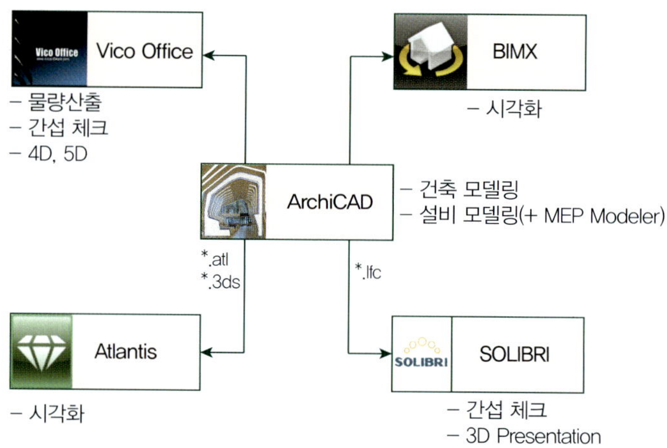

[그림 2-17] ArchiCAD와의 호환성 체계 예

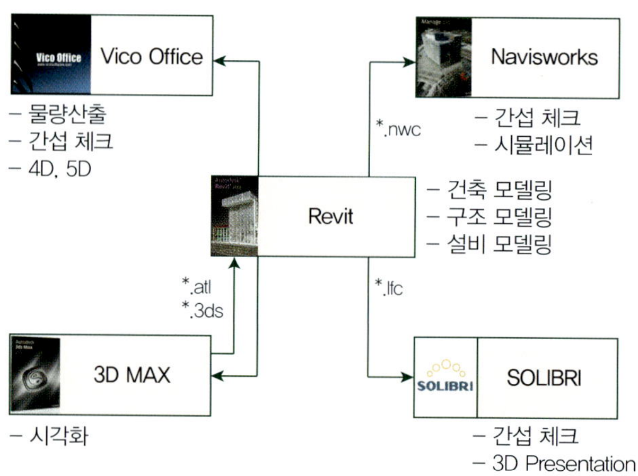

[그림 2-18] Revit과의 호환성 체계 예

2) 라이브러리(패밀리) 구축

BIM 라이브러리[14]는 동일한 모델링에 필요정보를 규격화하여 입력하여 BIM 모델링 시 반복사용이 가능하도록 만들어진다. 라이브러리 구축 시에는 건설사에서 필요한 BIM의 목적이 도면을 위한 것인지 견적을 위한 것인지에 따라 객체(Object) 속성, LOD, 분류체계가 결정되고, 생성 및 활용, 업데이트 등 관리방식을 고려해야 한다. 라이브러리 구축 시 정보의 재활용성 향상을 위한 고려요소로는 치수의 변수화, 가변성, 제작의 편의성, 속성정보 입력의 편의성, 저용량 등이 있다.

14 라이브러리와 패밀리는 동일 의미로, BIM 객체 분류체계에 의해 구분된 객체의 그룹을 의미한다. ArchiCAD에서는 라이브러리, Revit에는 패밀리라 불린다.

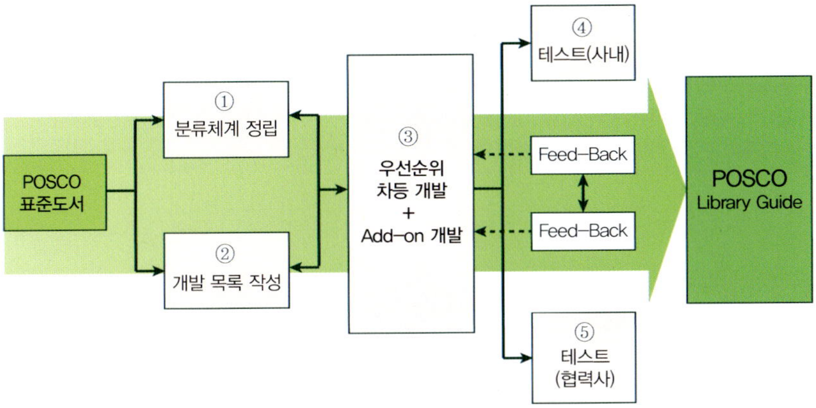

[그림 2-19] BIM 라이브러리 구축 예 (포스코건설)

건설사가 자체 라이브러리를 구축하기 위하여

1단계, 라이브러리 분류체계 정립, 개발목록을 작성
2단계, 라이브러리 개발. 이때 보안을 고려한 애드온(Add-on)도 개발
3단계, 사내 및 협력사 테스트를 거쳐 라이브러리 보완
4단계, 라이브러리 가이드

수립순서로 진행한다.

3) 하드웨어 구축

일반적으로 BIM 소프트웨어를 원활하게 사용하기 위해서는 2D CAD 소프트웨어를 사용할 때 보다 고사양의 컴퓨터 하드웨어가 필요하다. 이러한 고사양 하드웨어 구축비용에 대한 부담으로 인해, 초기 건설사의 BIM 관련 하드웨어 구축은 주로 BIM 소프트웨어 사용자의 컴퓨터를 고사양으로 업그레이드하는 방향

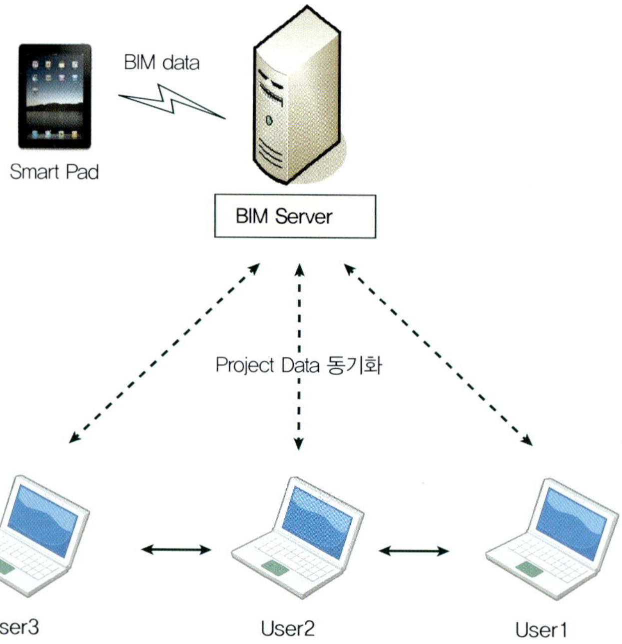

[그림 2-20] BIM 서버 예

으로 이루어졌다. 하지만 최근에는 단순히 모델링을 통한 정보생성에 그치는 것이 아니라, 생성된 모델 정보를 활용한 협업이 중요하다는 것을 인식하기 시작하였다.

[그림 2-20]은 BIM 서버 개념도로, 현장설계(SHOP Drawing)팀 등을 포함한 현장의 각 공정별 담당자들과 협력사, 발주처 등이 BIM 데이터를 작업 중간에 확인할 수 있도록 함으로써, 재작업 감소, 커뮤니케이션 향상 등을 도모할 수 있다. 그 외의 하드웨어에는 구축된 BIM 모델을 실시간으로 다양한 장소에서 활용하기 위한 스마트 디바이스, 3D 레이저 스캐너, 광파기와의 융합 등으로 확장하고 있다.

4) BIM 조직 구성

BIM의 수행조직은 BIM 인프라에서 가장 핵심사항으로, 건설사 내부의 BIM 수행능력 확보를 위하여 구성된다. BIM 운영조직은 건설사에서는 크게 본사에서 BIM을 관리하는 조직과 특정 현장의 BIM 조직으로 구분된다. 본사에서 BIM

을 관리하는 조직은 전사조직과 본부조직으로 나누어진다. 전사 BIM 조직에서는 내부적으로는 각 사업본부 BIM 조직과 협업하여 회사 전체의 BIM 전략수립을 담당하고 있다. 외부적으로는 설계와 IT 패밀리사와 연계하여 패밀리사 차원의 BIM 인프라를 구축하는 업무를 맡고 있다.

본부 BIM 조직은 본부 BIM 전략·기술개발, 표준지침, 현장지원, 교육 업무를 수행하며, 설계, 견적, 시공, 유지관리의 각 부서에 BIM 도입을 지원하는 업무도 수행하고 있다. 설계분야에서는 BIM 설계지침서와 간섭사항 체크 기술을 개발하고, 견적분야에서는 BIM 기반의 EVMS 관리기술과 수량산출기술을 지원한다. 시공에서는 BIM 모델의 현장기술지원을 맡고 있으며, 4D, 5D인 공정과 견적에 관련된 현장 실무기술을 지원한다. 아직 시도단계이지만 건설사에서는 BIM 기반의 유지관리기술 개발을 위하여 매뉴얼과 같은 지침서 및 기술을 개발하고 있다.

본사에서 BIM을 관리하는 조직이 있어야 하는 것과 같이, 현장에서도 BIM업무를 맡아보는 조직이 필요하다. 현장 BIM 조직과 본사 BIM 조직을 비교해 보면

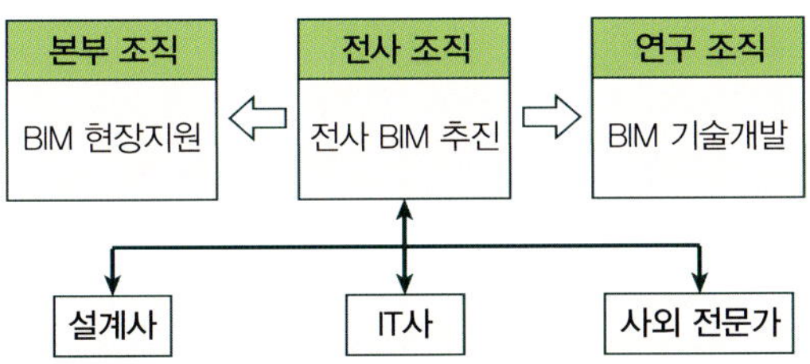

[그림 2-21] 전사 BIM의 역할분담 예(포스코건설)

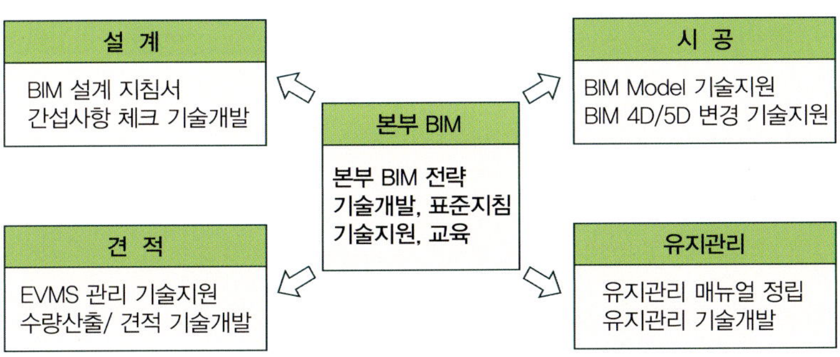

[그림 2-22] 건축사업본부 BIM의 업무 예(포스코건설)

본사 BIM팀은 BIM 전략, 표준지침, 기술개발, 기술지원, 교육의 역할을 하는데 반하여, 현장 BIM팀은 현장 BIM 수행계획(Execution Plan)의 수립으로 프로젝트의 BIM 목적수립 및 BIM 프로세스 협업을 계획한다. 현장의 BIM 인프라인 BIM 조직, 인력, 소프트웨어, 하드웨어를 관리하는데, 특히 공종별 협업 프로세스의 관리를 통하여 BIM 데이타의 활용성을 높이는 역할을 한다. 또한 설계/시공단계의 BIM 모델 변경관리와 준공단계의 BIM 모델 품질관리의 업무를 맡는다. 이외에도 현장에서 필요한 4D(공정), 5D(수량산출) 및 BIM 데이터베이스(DB) 관리 업무를 한다.

BIM 조직의 구성원은 문헌 및 프로젝트에 따라 명칭이 상이하다. 대체로 그 역할에 따라서 BIM 수행목표와 절차를 수립하는 BIM 매니저(Manager), BIM 모델링을 담당하는 모델러(Modeler), BIM 모델 정보를 활용하여 각종 해석 및 분석을 담당하는 BIM 분석가(Analysist), IT 인프라를 지원하는 IT 서포터(Supporter), 다양한 BIM 수행경험을 바탕으로 조언 및 조율을 하는 BIM 컨설턴트(Consultant), 그리고 BIM 관련 연구를 담당하는 연구원 등이 있다. 현재 국내 건설사 실무에서는 BIM 기획 및 교육 등의 업무를 하는 매니저와 BIM 모델 관리를 담당하는 모델러라는 명칭이 많이 쓰이고 있다.

본부 BIM 팀

1. BIM 전략
   - 전사/본부 BIM 로드맵 구축
   - 연차별 기술개발/지침서/교육계획 수립
2. BIM 표준지침
   - 프로젝트 유형별 BIM 지침 작성
   - 소프트웨어별 BIM 활용 매뉴얼 작성
3. BIM 기술개발
   - BIM 3D/4D/5D/6D/자동체크 프로그램 개발
   - 3D 장비/스마트기기연계 자동화 기술 개발
4. 기술지원
   - 수주단계 BIM 기술제안 지원
   - 현장 3D/4D/5D 등 필요부분 기술지원
5. BIM 교육
   - BIM 인력 풀(Pool) 관리
   - BIM 소프트웨어 기본/심화 교육

프로젝트 BIM 팀

1. BIM execution plan 수립
   - 프로젝트의 BIM 목적 수립
   - BIM 프로세스 및 협업 등 계획
2. BIM 인프라 관리
   - 프로젝트 BIM 조직, 인력, S/W, H/W 관리
   - 공종별 BIM 협업 프로세스 관리
3. BIM model 관리
   - 설계/시공단계 BIM 모델 변경 관리
   - 준공단계 BIM 모델링 품질관리
4. BIM 4D/ 5D 관리
   - 공종별 필요부위 4D/5D 적용
   - 프로젝트 4D/5D 변경관리
5. BIM 데이터베이스(DB) 관리
   - BIM 적용사례 기술 DB화
   - 프로젝트 BIM ROI 실적관리

[그림 2-23] 본부 BIM팀과 현장 BIM팀의 업무 예(포스코건설)

구분	도 입	확 대	정 착
사내 BIM 전문인력 양성계획	· 본사 BIM 팀	· 본사 BIM팀 · 현장별 담당 1인씩 육성 (우수인력 발굴)	· 현장별 담당 1인씩 육성 · 현장별 담당자는 각 현장 전파교육
	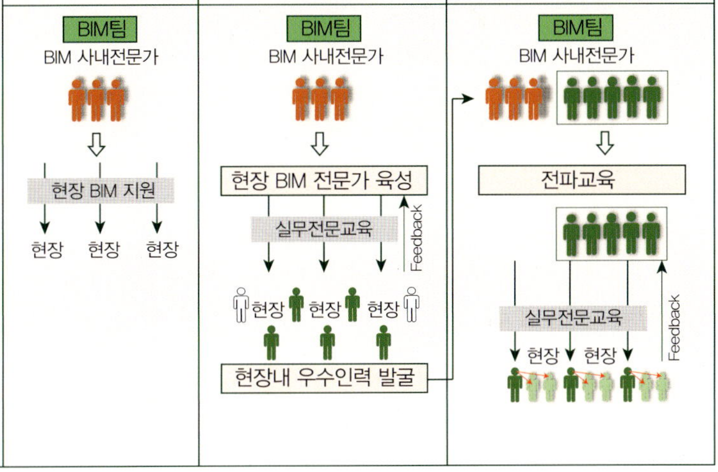		

[그림 2-24] BIM 전문교육 과정의 평가방법

5) BIM 교육

현재 국내 건설사에서는 시공단계의 BIM은 도입단계인 만큼 BIM 인력이 부족한 상태이다. 이로 인하여 프로젝트 수행 시 설계 위주의 BIM 기술이 적용됨에 따라, 시공단계에 필요한 정보의 부재, 정보분류체계의 미비 등으로 현장 활용성이 떨어지고 있다. 또한 최근 BIM 사례의 대부분이 BIM 전문업체의 용역결과물로 건설사 실무자의 활용이 부족한 상태이다. 따라서 효과적인 BIM 수행을 위해서는 BIM 소프트웨어 사용능력 보유 및 BIM 기반 프로세스 전반에 대한 이해를 가진 건설사 현장직원이 요구된다. 시공현장에서 BIM이 정착하기 위해서는 BIM 전문업체가 존재하더라도, 필요에 따라 각 공종 간 간섭부분을 체크하고, 상세도를 작성하며, 필요한 부위의 수량을 산출하는 업무 등을 할 수 있는 실무자가 많아져야 한다.

포스코건설에서는 현장 실무자들의 BIM 사용능력 배양을 위해, BIM 기본 및 심화교육을 실시하고 있다. 기본교육은 2011년에는 총 18회의 사내교육으로 200여 명을 BIM 소프트웨어에 대한 기본역량을 갖추도록 교육하였고, 향후에는 온라인 및 현장교육을 통하여 BIM 전문가로 육성할 예정이다. BIM심화교육은 본사 BIM팀에서 현장직원을 대상으로 3주간의 BIM 모델링 및 도면화 역량을 갖추

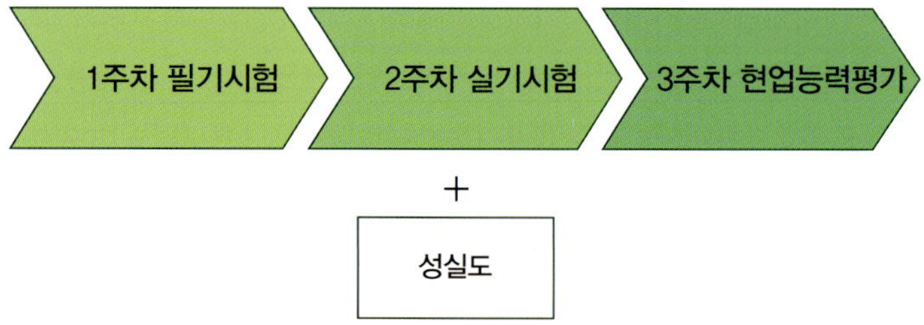

[그림 2-25] BIM 사내 인력양성계획 예(포스코건설)

도록 하였다. 이 과정을 통해 현장 BIM 담당직원이 각 현장에서 필요한 부분에 BIM을 적용하고 있으며, 그 범위를 4D, 5D로 확대해 가고 있다. 또한 BIM 전문가로 육성된 현장별 BIM 담당자들이 다른 현장직원에게 전파교육하는 교육프로그램도 계획하고 있다.

BIM 전문교육과정은 전체 3주간의 교육 기간으로 매주 평가를 하고 있다. 1주차에는 필기시험(20점), 2주차에는 실기시험(30점)을, 3주차에는 실무능력(40점), 그리고 성실도(10점)를 추가하여 실무적인 BIM 수행 능력을 확인하고 있다.

BIM 심화교육시에는 수행평가시험을 실시하고 이것을 점수화하여 S등급에서 D등급까지 총 5등급으로 성취도를 지수화하고 있다. 이러한 평가결과를 바탕으로, 다음 교육 시에는 수준에 적합한 교육커리큘럼을 제공하고 BIM 전문인력 풀(Pool)을 구성하는 것이 목적이다.

[표 2-10]은 2D 도면을 BIM으로 전환시키는 능력, 수량산출 및 2D 도면화 능력을 측정하기 위해 사용된 평가 지표이다.

[표 2-9] BIM 전문교육과정 평가등급

구분	내용	점수
S	도면이해능력 우수, 모델링 최우수	90점 이상
A	도면이해능력 보통, 모델링 우수	80~89점
B	도면이해능력 보통, 모델링 보통	70~79점
C	도면이해능력 보통, 모델링 부족	60~69점
D	도면이해능력 부족, 모델링 부족	59점 이하

[표 2-10] BIM 전문교육 과정 평가지표

구분	평가기준	배점	기준	평점	점수	비고
필기	시험점수	20	–	20		평가시간 30분
실기	도면 이해력	10	상	10		도면/모델링 일치
			중	7		도면/모델링 일부 불일치
			하	4		도면/모델링 불일치
	모델링 능력	20	상	20		2시간 이내 모델링 상
			중	15		2시간 이내 모델링 중
			하	10		2시간 이내 모델링 하
현업능력	도면 이해력	10	상	10		도면/모델링 일치
			중	7		도면/모델링 일부 불일치
			하	4		도면/모델링 불일치
	모델링 능력	10	상	10		적합성 100%
			중	7		3D 모델링 및 단면보기
			하	4		3D 모델링 기능
	수량산출	10	상	10		물량 정확도 100%
			중	7		일부 부정확
			하	4		산출불가
	2D 도면 출력	10	상	10		도면 출력
			중	7		도면 출력 일부 가능
			하	4		도면 출력 불가
성실도	출석률	10	상	10		95% 이상
			중	7		90% 이상
			하	4		80% 이상

3장에서는 국내 프로젝트의 BIM 적용 수준에 대한 이해를 돕고자 건설사의 BIM 프로젝트 수행사례를 소개하고, 수행 결과를 중심으로 향후 BIM의 발전을 위해 고려해야할 사항을 담았다.
BIM을 이용한 도면 정합성 체크뿐만 아니라, 현장에서 실제 적용사례를 기술하였다.
이것을 바탕으로 BIM의 ROI(Retun On Investment)에 대한 분석내용을 포함하였다.

본 장의 구성은

1. 해외 BIM 프로젝트 사례 분석
2. BIM 전환설계를 통한 시공성 검토
3. BIM 기반 비정형 건축물 시공
4. MEP 분야의 BIM 적용
5. 4D(공정) 및 5D(견적)
6. BIM의 ROI(Return On Investment)

로 되어 있으며, BIM 적용에 대한 사례를 통해, BIM 프로젝트에 대한 인식과
미래 발전 방향 설정에 도움이 되기를 바란다.

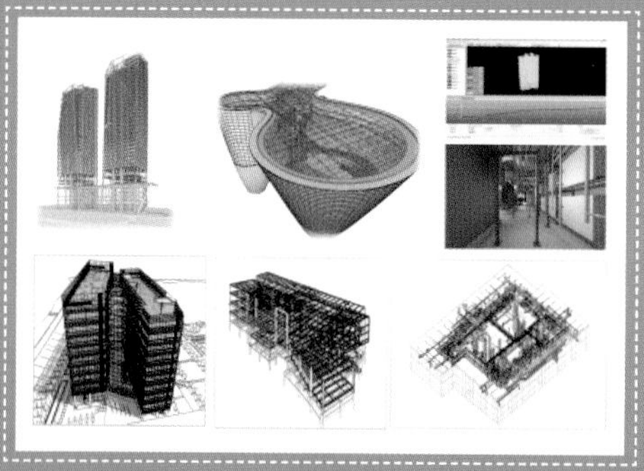

제 3 장

BIM 프로젝트 수행 사례와 시사점

국내 건설사의 BIM 적용 수준 이해와
BIM의 효과에 대하여...

1 해외 BIM 프로젝트 사례 분석

국내외에서 BIM 적용이 시작되면서, 다수의 문헌[15]에서 해외의 여러 성공사례가 소개되고 있다. 본 절에서는 해외 프로젝트의 성공사례를 정성적, 정량적 성과로 나누어서 분석하고 2절에서 6절까지 소개되는 국내 건설사의 BIM 수행 사례와 비교하도록 한다.

15 국내에서 출판된 BIM 서적들(이강, 2011, EASTMAN 외 2007, (사)빌딩스마트협회, 2001 등)에서 소개된 사례

[표 3-1] 해외 프로젝트에서의 주요 BIM 적용 사례

구분	프로젝트 명	BIM 적용범위	비고
3D (BIM 기반 설계 및 엔지니어링)	베이징 올림픽 수영장	- 스크립트 기반 설계 자동화 - 급속 조형법 도입 및 도면 추출	- 엔지니어링 비용 50만 달러 절감
	Eureka Tower	- 도면의 자동 생성 - 공사 진행계획 - 실내 디자인의 공동 작업을 통한 협업	- 설계 오류 최소화 - 디자인 품질 향상 - 단순 도면 작성 인력 절감
	로체(Roche) 본사, 영국/(공장)	- BIM 기반 설계 - 도면추출, 간섭 체크	- 예산 8백만 파운드 절감
	덴버 건강과학센터	- MEP 협업 - 철골 시공도	- RFI 37% 감소 - 설계변경 32% 감소 - 6개월 공기단축 - 설비 노동생산성 50% 향상
	서터 건강병원	- 내진 설계 - 문제점 조기 도출 - 낭비요소 제거	- 설계기간 50% 감소
	미션 병원시설	- 외피 가상 목업	- 45% 외피 수정 - 140만 달러 절감
	스프링필드 교양센터	- 에너지 절감설계	- LEED 인증 획득 - 26% 에너지 절감효과
	샌프란시스코 연방 정부 청사	- 건축설계 - 구조설계 - 에너지 시뮬레이션	- 추가 비용 및 공사 지연 방지
	Wayne L. Morse U.S. Courthouse	- 간섭 체크 - 도면 추출 - 3D 프린팅을 통한 의사소통 - 철골 상세 설계 - 외피 설계	- 원활한 커뮤니케이션 - 비용 및 시간 단축

구분	프로젝트명	BIM 적용범위	비고
3D (BIM 기반 설계 및 엔지니어링)	시카고 Spire 프로젝트(150층)	- 설계 - 구조엔지니어링 및 시공	- 초고층 비정형 건축물 설계의 정확성 확보 - 시공성 확보
	Shanghai Tower (128층)	- 설계(더블 스킨 및 커튼월 등의 복합 부재의 효과적 디자인) - 국제적 디자인 팀간 협업 - 친환경 설계(LEED NC Gold)	- 초고층 비정형 건축물 설계의 정확성 확보 - 구조설계의 효율성 확보(풍하중의 24% 감소)
	Freedom Tower(82층)	- 초고층/비정형 건축물 설계 - 도면 추출 - 공종간 협업	- BIM 모델 공유를 통한 커뮤니케이션 향상 및 정보 오류 감소
3D (BIM 기반 설계 및 엔지니어링) + 4D + 시공(부재 제작, JIT)	벤저민 디 호	- 시공성 검토 - 부재재 간 간섭 체크 - 4D 시뮬레이션	- 조달시간 40% 절감 - RFI 80% 절감
	플린트(Flint), 공장(GM)	- 3D BIM 협업 - 부재충돌 감지 - 준공문서 작성 - 린 시공 적시 생산(JIT) - 부재 제작 자동화	- 예상 공기 15% 절감
	Research Complex 2	- 간섭 체크 - 콘크리트 타설계획 - 4D 시뮬레이션 - MEP 조율 - 부재 제작	- 공기 2개월 단축 - RFI 74% 감소 - 설계 변경 32% 감소
	판텍스(Pantex) 프로젝트	- 골조/MEP 간섭 체크 - 크레인 시뮬레이션	- 1,000개 간섭방지 - 공사비 10% 절감
	UCSF 심장혈관 연구소	- 리스크 사전 규명 - 4D 시뮬레이션	- 설계기간 2개월 단축 - 리스크 방지
	메모리얼 병원	- 가상설계 적용 - 가상 건설기법 적용	- ROI 500%, 300만 달러 절감 - 정확한 굴토량 산출
	카미노병원 그룹 마운틴 뷰 의료 사무소 건물단지	- 시공 전 가상 시공 - 부재 간섭/충돌 체크 - 린 시공	- 작업자 생산성 15~30% 증가 - HVAC 공사비의 3~4% 절감 - 프로젝트 계획에 대한 신뢰도 증가(약 83% 계획대로 진행)

구분	프로젝트명	BIM 적용범위	비고
3D (BIM 기반 설계 및 엔지니어링) + 4D + 5D (수량 산출, 견적)	텍사스 A&M 건강과학센터 (Young Jr. 2009)	- 입찰 전 공사수량 확인	- 4개월 공기단축
	크레이트 앤 배럴 (Young Jr. 2008)	- IPD 적용 - 적정 공사비 및 공기 산출	- 설계기간 50% 단축 - 철근 수량 50톤 절감
	원 아일랜드 이스트 (Riese and Peak, 2007; AIA TAP, 2008)	- 간섭 체크 - 구조설계 - 수량산출 - 가상협업 - 공정 시뮬레이션 - 디지털 투시도	- 공사비 10% 절감 - MEP 모델링을 통한 2,000여 개의 간섭사항 발견 및 해결 - 최소 20일의 공기 단축 - RFI 및 현장 클레임 감소
	펜 내셔널 경마장 주차장 (BIM 핸드북)	- 도면 자동 작성 - 구조설계 및 해석 - 수량산출 - 부재 제작 및 생산계획	- 부재 간 간섭 수 절감, 커뮤니케이션 향상

해외 프로젝트에서 BIM 효과를 건설사 측면에서 수치적인 성과의 유무에 따라 정성적과 정량적으로 나누어 분석을 하였다. 정성적 효과는 BIM의 모델링으로 프로젝트 참여자 간 커뮤니케이션을 향상시키고 설계품질을 향상시키는 것이다. 또한 수량산출의 정확도를 향상하고, RFI(Request For Information) 및 현장 클레임을 감소시킨다. 이러한 정성적 효과를 바탕으로 정량적인 효과가 발생한다. 정량적인 효과를 공기와 원가측면으로 공기지연 방지, 원가상승 방지, 공기단축, 원가절감 등 세부적으로 나누었다.

프로젝트 초기에 설정된 원가 및 공기를 기준으로 보았을 때 원가상승 방지 및 공기지연 방지는 발생할 수도 있는 원가, 공기상승을 사전에 방지한다는 것이고, 원가절감과 공기단축은 구조수량 절감, 설계/조달기간/수량산출기간 단축으로 계획된 기준보다 원가절감, 공기단축을 했다는 것이다.

[표 3-2] 해외 프로젝트에서의 주요 BIM 효과 요약

구분		BIM 적용범위
정성적 효과		- 프로젝트 참여자 간 커뮤니케이션 향상, 설계 품질 향상, 에너지 절감 설계, 설계변경 최소화, 수량산출 정확도 향상, RFI 및 현장 클레임 감소
정량적 효과	공기지연 방지	- 재시공으로 인한 공기지연 방지
	원가상승 방지	- 자재 재발주, 재시공으로 인한 원가 상승 방지
	공기단축	- 설계기간, 조달기간, 수량 산출기간 단축
	원가절감	- 설계/시공 생산성 향상 - 구조설계 최적화로 구조수량 절감

2 BIM의 전환설계를 통한 시공성 검토

BIM 전환설계를 통한 시공성 검토는 2D로 이루어진 실시설계도면을 시공단계에서 3D 모델로 전환하여, 도면의 오류 및 공종 간섭 체크, 시공성 검토 등을 수행하는 것을 의미한다. 최근 BIM 도입단계에 있는 건설사 측면에서 가장 많은 접근이 이루어지고 있는 분야이다. 본 절에서는 3개의 사례 프로젝트를 대상으로 최근 BIM 전환설계의 사례를 소개한다.

1. 인천 아트센터 문화단지 프로젝트

1) 개요

인천 아트센터 문화단지의 콘서트홀은 2009년도부터 약 14개월간 BIM을 이용한 프로젝트로서, 비정형의 형상과 기계, 전기설계의 복잡성 때문에 BIM이 적용되었다. BIM 전환설계의 적용은 먼저 2D 설계도서 분석을 실시하고, 3D 전환설계를 통해 도면 오류 및 공종간섭 검토를 실시하였다. 다음으로 BIM 모델과 추출 도면을 이용하여 현장 엔지니어와 공종별 전문업체의 협의를 통해 2차 간섭 및 오류 검토를 실시하는 시공 전 설계검토를 하였다.

[그림 3-1] 인천 아트센터 문화단지 콘서트홀

2) 수행 내용

① 도면 오류 및 간섭 체크

일반적으로 BIM을 활용한 도면 오류 및 공종간섭 검토는 기본설계, 실시설계와 같은 설계진행상 CD 75% 또는 CD 100% 단계에서 실시한다.

BIM은 비정형 건축물인 지하 2층, 지상 7층의 콘서트홀 1개 동(약 38,500m^2)의 구조, 건축마감, MEP에 적용하였다. 2010년 4월까지 CD 75% 도면을 BIM으로 전환한 결과 도출된 도면 오류 및 간섭 사항의 구성비율을 살펴보면 '도면 오류'가 64%, '공종간섭'이 36%를 차지하였다.

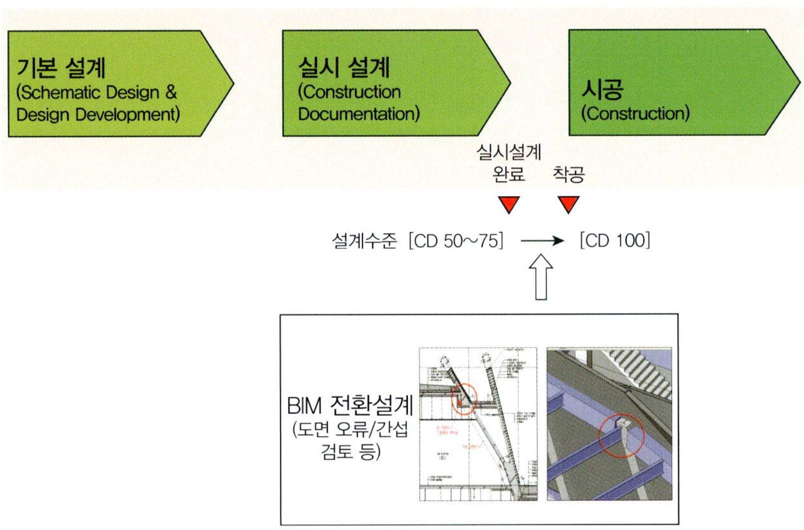

[그림 3-2] BIM 전환설계 적용시점

[표 3-3] 구조/건축/MEP BIM 검토결과(서혜수, 2011)

체크리스트 구성항목		건수	비율(%)
도면 오류	도면 누락 및 중복	43	23
	도면 상이	79	41
공종간섭		68	36
계		190	100

* CD(Construction Documentation) 75% 도면 기준

번호	검토내용	체크 관련도면 및 문제사항		관련도면	비고
24	 KEY PLAN 〈지상1층〉 뮤직샵 상부 R.A DUCT 소화가지관 간섭 (Xc5-7, Yc8-9)	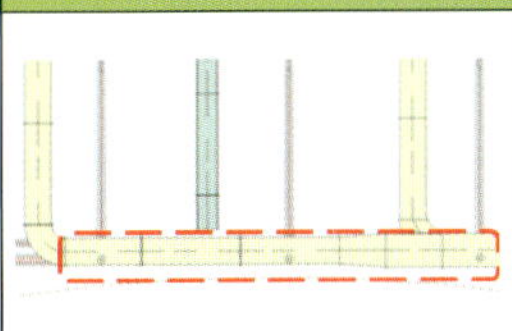 3D평면- R. A DUCT 소화가지관 간섭	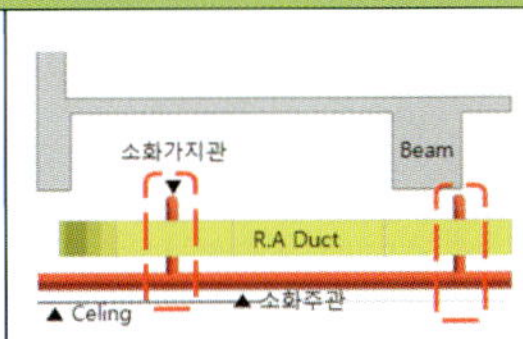 3D단면 1- R. A DUCT 소화가지관 간섭	M-104 지상1층 공조덕트 평면도	
		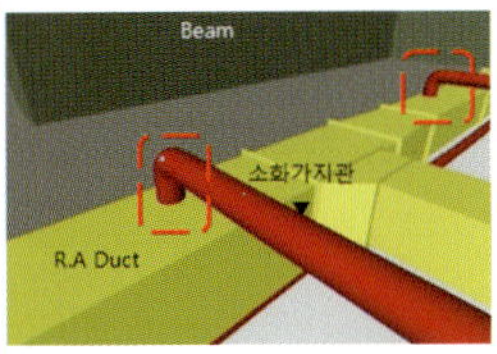 3D이미지(기존)- R. A DUCT 소화가지관 간섭	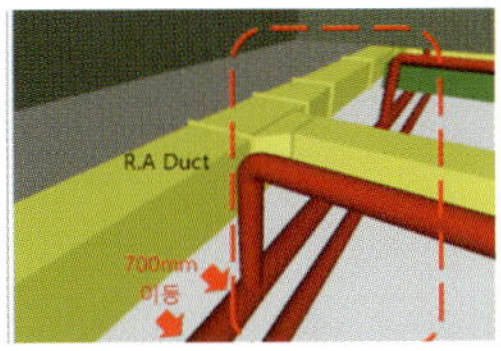 3D이미지(제안)- 소화 주변 700mm 이동	MF-008 지상1층 소화설비 평면도	

[그림 3-3] MEP 간섭검토 체크리스트

② 시공성 검토

인천 아트센터는 외부 노출 콘크리트 공법을 적용하는 프로젝트로, 시공 오차 없이 품질을 확보하기 위해서는 다각부위의 시공좌표값을 3D 모델링을 통하여 도출하였다. 또한 공사참여 협력업체와 목업(Mock-Up) 계획수립 시 BIM 모델링을 활용하였다. 또한 외부 노출 콘크리트 부위뿐만 아니라 콘서트홀 내부 비정형부분의 좌표점을 BIM에서 추출하여 각 좌표점의 오류를 발견, 수정하였다.

이외에도 콘서트 홀 내부의 상부 트러스 설치를 위한 가설계획 수립 시에 BIM을 적용하여 여러 대안 측면에서 최적의 가설계획을 수립할 수 있었다.

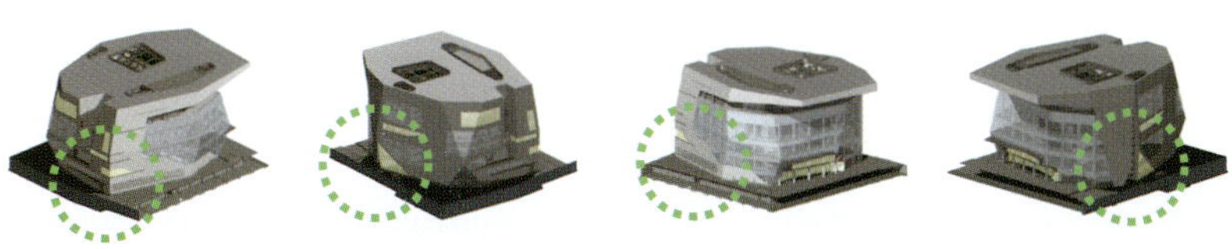

ID	좌표 (X,y,Z)	ID	좌표 (X,y,Z)
1F01	64,150.00,74,654.97,1,000.00	AN37	57,202.88,65,800.92,34,334.52
AN01	68,569.48,83,730.64,11,525.00	AS01	36,446.31,7,817.63,12,300.37
AN02	68,544.25,83,603.92,11,270.72	AS02	36,446.31,7,817.63,12,100.37
AN03	54,863.89,84,241.19,11,524.91	AS03	36,446.31,10,528.77,12,300.37
AN04	54,863.89,84,130.84,11,270.22	AS04	36,446.31,10,463.91,12,100.37
AN05	41,158.30,84,751.73,11,524.82	AS05	32,959.92,10,528.77,12,300.37
AN06	41,210.02,84,656.75,11,269.72	AS06	33,359.92,10,406.61,11,923.65
AN07	33,815.91,84,483.25,9,983.67	AS07	32,959.92,7,817.63,12,300.36
AN08	34,152.40,84,363.50,9,783.13	AS08	33,359.92,7,817.63,11,923.65
AN09	34,986.36,82,982.23,7,100.01	AS09	17,136.70,14,810.61,1,000.00

[그림 3-4] 외부 비정형 노출 콘크리트 부위 좌표점

구 분	대안 1	대안 2	대안 3
형 상	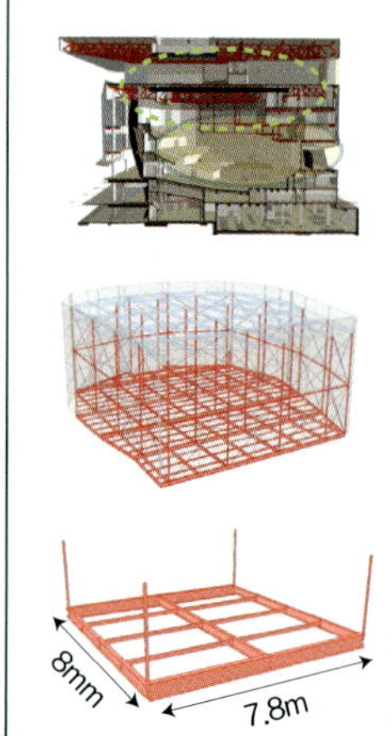	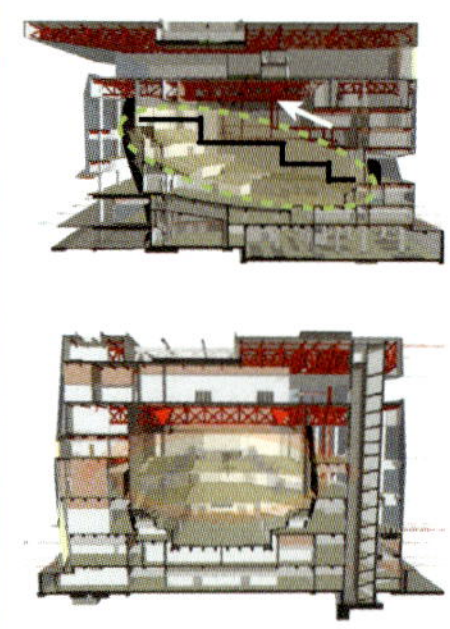	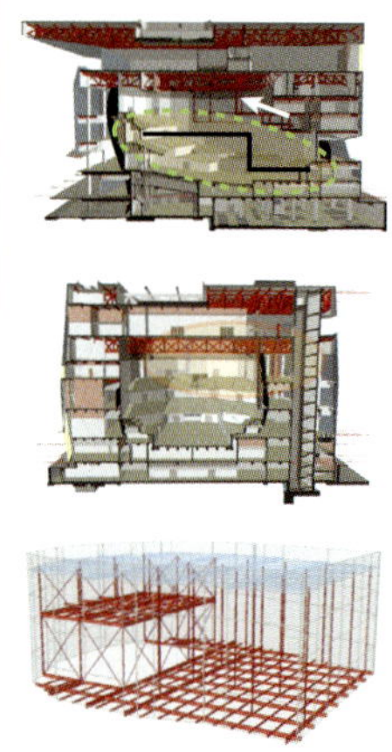
물 량	물량 : 56.3t	물량 : 54.8t (보, 벽체지지)	물량 : 54.8t (보,벽체지지)

[그림 3-5] 내부 오디토리엄 가설계획

3) 효과

인천 아트센터에서 BIM을 도면 오류 및 공정간섭 검토부분에 적용한 결과, 정성적 효과면에서는 시공시 발주처, 설계사, 시공사 등 프로젝트 참여자의 BIM을 통한 커뮤니케이션 향상, 비정형 부분 수량산출 정확도가 향상되었다. 정량적인 부분에서는 비정형 건축물의 설계오류 공종간섭이 시공 전에 확인되어 재시공 방지 및 비정형 부위의 콘크리트 자재 발주를 위한 수량산출기간이 단축되었다. 또한 콘서트홀 내부 상부 트러스 설치를 위한 가설 계획수립에 사용되어 BIM으로 대안 검토가 이루어져 원가절감 및 최적안을 채택할 수 있었다.

[표 3-4] 인천 아트센터 BIM 효과 요약

구분		내용
정성적 효과		- 프로젝트 참여자 간 커뮤니케이션 향상, RFI 감소 - 비정형 부분 수량산출 정확도 향상 - 설계품질 향상
정량적 효과	공기지연 방지	- 재시공으로 인한 공기지연 방지
	원가상승 방지	- 재발주, 재시공으로 인한 원가상승 방지
	공기단축	- 비정형 부분 콘크리트 수량산출기간 단축
	원가절감	- 가설계획 수립시 수량비교로 가설수량 절감

2. 경기도 남양주시 별내 더샵 공동주택 프로젝트

1) 개요

BIM의 사용 필요성으로 가장 많이 언급되고 있는 건축물은 주로 비정형 건축물이다. 하지만 건설사 입장에서 비정형 건축물을 시공하는 예는 그렇게 많지 않다. 따라서 BIM을 이용한 프로젝트 관리를 활성화하기 위해서는 일반적으로 가장 건설 빈도가 높은 건축물을 대상으로 경제성 있게 적용할 필요가 있다. 남양주시 별내 더샵 공동주택 프로젝트의 BIM 적용은 국내 건축 프로젝트 중 비중이 가장 높은 공동주택을 대상으로 BIM 전환설계를 수행한 사례이다. BIM 수행 목적은 공동주택과 같은 정형적인 타입에서의 도면 오류, 공종간섭 사항을 체크하여 BIM 적용의 타당성을 ROI 측면에서 검토하기 위한 것이었다. 또한 객체정보를 포함한 BIM 기반의 디지털 목업(Digital mock-up) 수행을 하여 현장 활용성을 검토한 것이다.

2) 주요 수행 내용

① 도면 오류 및 간섭 체크

남양주시 별내 공동주택 프로젝트는 공동주택 1개동, 지하 기계, 전기실(약 21,000m²)을 대상으로 CD(Construction Documentation) 75% 공종별 2D 도면을 3D 모델링하여 도면오류 및 공종간섭 등을 검토하였다.

적용 결과, 인천 아트센터에 비해 정형 건축물인 공동 주택의 경우 2D 도면에서 나타나는 공종간섭 및 도면 오류가 적다는 것을 알 수 있었다. 하지만 공동주택에서의 오류 사항은 일반건축에 비해 반복적이어서 초기발견 시 영향이 커, 공종간섭으로 인한 재시공 비용을 기준으로 볼 때 BIM의 ROI가 비정형 건축물보다 큰 결과를 가진다. 일반적으로 비정형 건축물보다 공정이 최적화되어 있어 오류로 인한 공기지연에 대한 버퍼가 크지 않다는 점을 고려할 때, 공동주택에서의 BIM 적용으로 인한 공기지연 방지 효과도 크다고 할 수 있다.

[표 3-5] 도면 오류 및 공종간섭 체크 결과(노현우, 2010.11)

체크리스트 구성항목		건수	비율(%)
도면오류	도면 누락 및 중복	6	19
	도면 상이	13	43
공종간섭		12	38
계		31	100

* 2010년 9월 CD 75% 도면 기준

[구조, 건축]

번호	검토내용	체크 관련도면 및 문제사항		관련도면	비고
02	 KEY PLAN 〈지상 3층〉 주현관 필로티 (116A+B형) 구조평면도와 주현관 입단면 상세도의 보 위치 및 규격이 상이	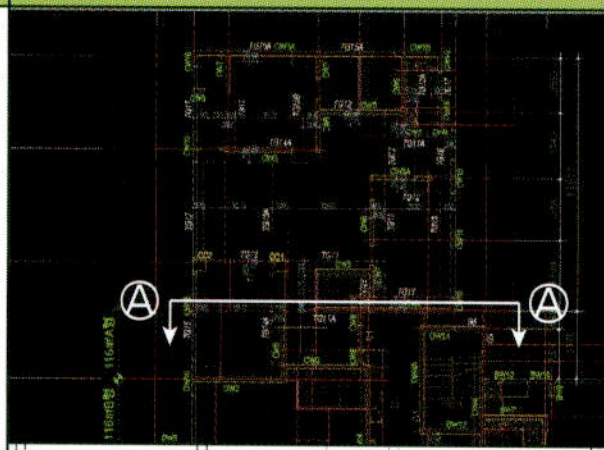	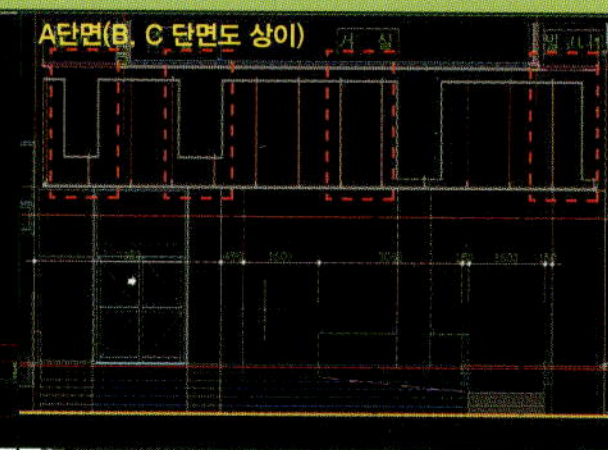 	S-298 3층 구조 평면도	
		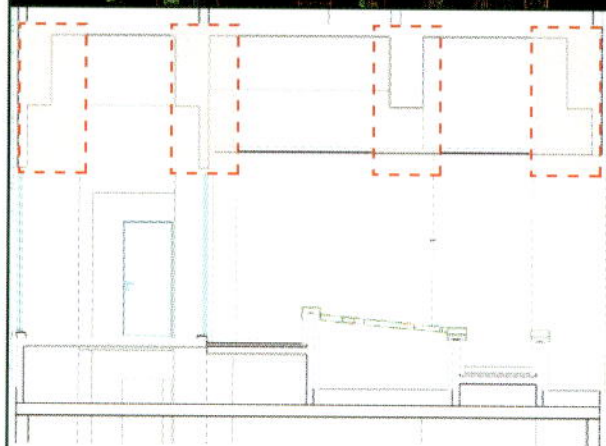 모델링 단면도(주현관 입단면도와 보 위치/규격 상이)	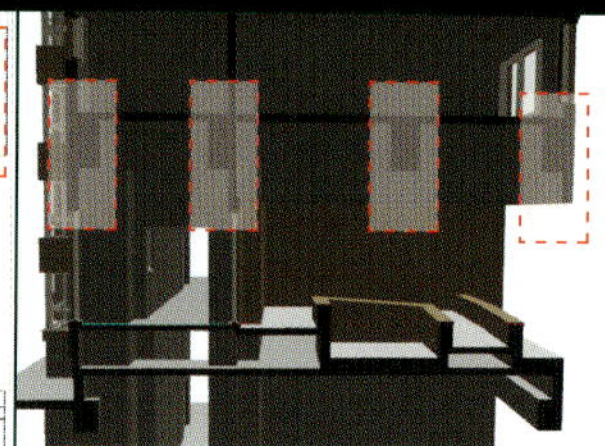 3D 이미지 - 구조평면도를 모델링에 적용(수벽 적용)	A-558 주현관 입단면도	

[그림 3-6] 평면도와 상세도면 상이

[기계, 전기]

번호	검토내용	체크 관련도면 및 문제사항		관련도면	비고
09	 KEY PLAN 〈지상 4층〉 128m^2 단위 세대에서 주방 TV전원과 TV통신 위치가 상이함	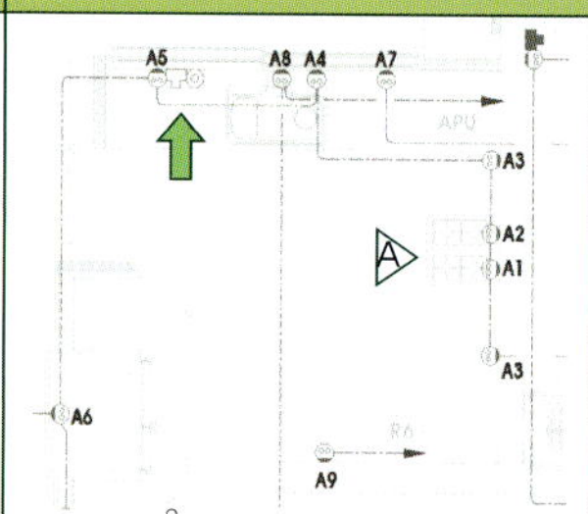 128m^2 단위세대 전열설비 평면도	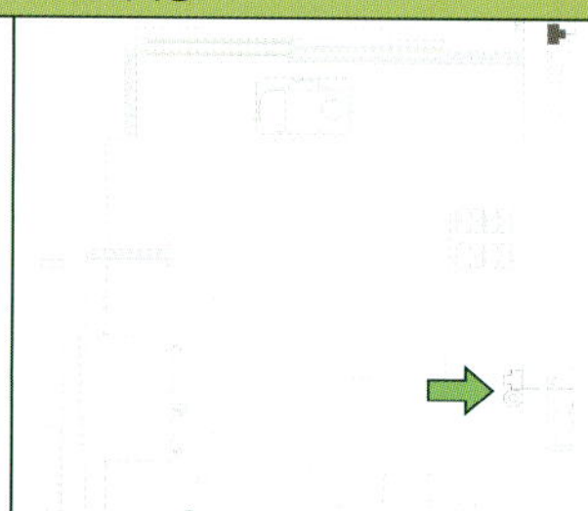 128m^2 단위세대 약전설비 평면도	EP-322 128m^2 단위세대 전열설비 평면도	
		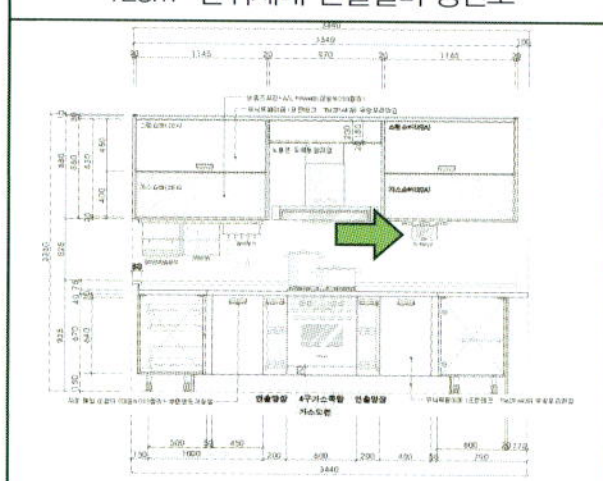 주방 인테리어 입면도 A - 주방 TV	 3D 이미지 - 주방 TV 전원과 주방 TV 위치가 상이함	ET-210 128m^2 단위세대 약전설비 평면도	

[그림 3-7] 전열설비 평면도와 약전설비 평면도면 상이

② 디지털 목업(Digital mock-up) 검토

BIM의 장점 중 하나가 실제 현장 목업을 하지 않더라도 디지털 목업으로 가능하기 때문에 비용 절감이 가능하다는 것이다. 사례 프로젝트는 공동주택에서 BIM을 활용한 디지털 목업 적용 시 모델링 범위, LOD에 대한 검토를 하기 위하여 실시하였다. BIM으로 내부 검토 시 다양한 대안 및 비교가 가능하고, 난간대 디자인 결정의 예와 같이, 설계 단계에서 미확정되거나 변경되는 사항에 대한 빠른 대안 결정 측면에서 유용한 것으로 나타났다. 또한 설비 간섭 등을 현장 목업 전에 체크할 수 있다는 것이 장점으로 나타났다. 하지만 현재 건설사에서 주택구매 고객을 대상으로 하는 모델하우스를 사이버 모델 하우스로 대체할 경우, 실제 세대와 질감 등이 다를 수 있기 때문에 단순히 목업을 위해 BIM을 적용한다는 것은 무리가 있다는 내부 의견이 있었다.

[표 3-6] 디지털 목업 적용 분야

구분	대상	이미지	검토 내용
디지털 목업	단위세대		단위세대 내부 인테리어 검토
	지하 기계/전기실	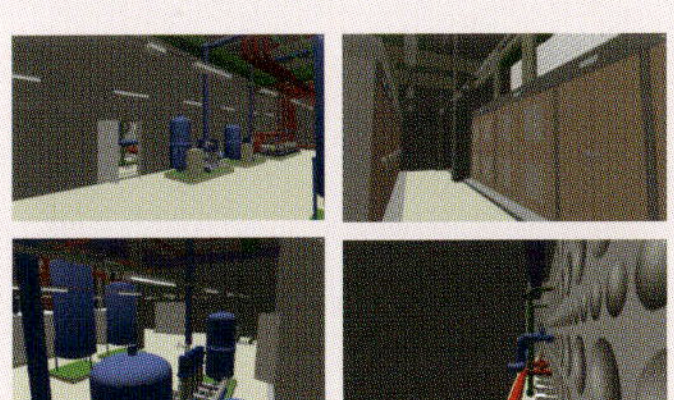	기계/전기실 장비배치 검토
	옥상 난간대	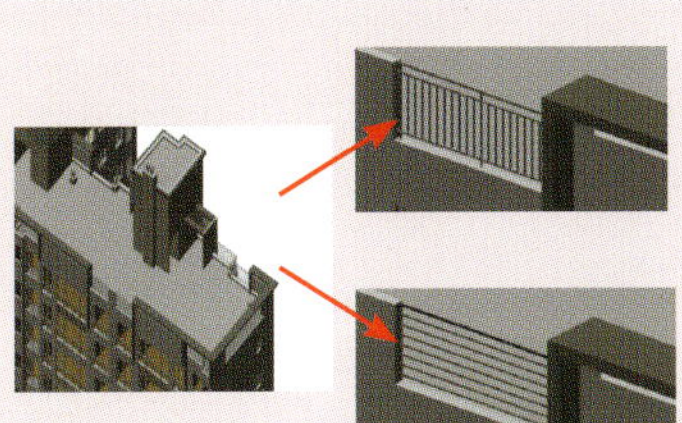	옥탑 난간대 디자인 1,2안 검토

[그림 3-8] 단위세대 디지털 목업 예

3) 효과

경기도 남양주시 별내 더샵 공동주택에서 BIM을 도면 오류 및 공정간섭 검토부분에 적용한 결과, 정성적 효과면에서는 옥상 난간대 디자인 대안 검토 시 프로젝트 참여자 간 커뮤니케이션에 도움이 되었다. 정량적인 부분에서는 정형 건축물이라도 공종간섭에 대한 검토가 어려운 경우가 많기 때문에 사전에 이를 확인하여 재시공방지로 공기지연 및 원가상승 방지의 효과가 있었다.

정량적 효과분석에서 BIM으로 인한 공기단축, 원가절감 효과가 없다고 하더라도, 그것은 BIM을 파일롯으로 적용한 프로젝트에 한하여 검토한 것이다. 향후 BIM 기술의 발전, 프로젝트의 상황에 따라 공기단축과 원가절감도 가능하다.

[표 3-7] 남양주시 별내 신도시 더샵 공동주택 BIM 효과

구분		내용
정성적 효과		- 프로젝트 참여자 간 커뮤니케이션 향상 - 설계품질 향상
정량적 효과	공기지연 방지	- 재시공으로 인한 공기지연 방지
	원가상승 방지	- 재시공으로 인한 원가상승 방지
	공기단축	-
	원가절감	-

3. ○○청사 1-2구역 프로젝트

1) 개요

○○청사 1-2구역 프로젝트는 2012년 이후 공공발주 BIM 의무화 등 국내 BIM기반 프로젝트 운영 활성화가 예상되어, 포스코건설이 BIM 기술을 국내 실정에 적용 가능한 수준으로 발전시키기 위해 2011년부터 2012년까지 진행한 프로젝트이다. BIM 모델링의 수준은 도면 오류 및 공종간섭 체크와 부분적으로 디지털 목업 수준의 LOD를 가진 모델링 수준을 적용하였다. 또한 가설, 건축, 구조, MEP 분야에 대한 종합적 모델링을 수행하여 시공현장에서의 활용성을 높일 수 있도록 하였다.

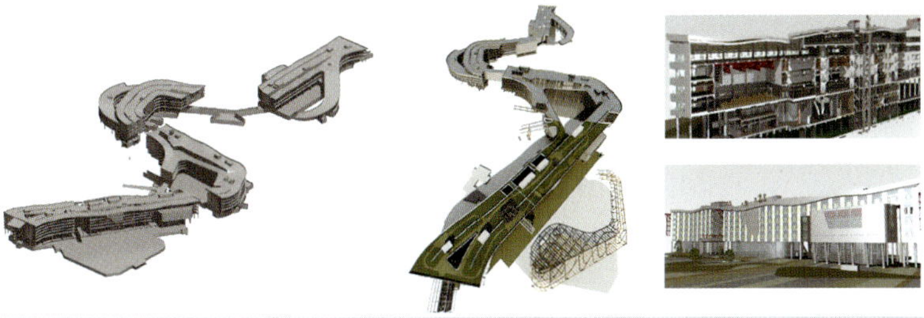

[그림 3-9] ○○청사 1-2구역 프로젝트의 BIM 전환 설계

2) 수행 내용

① 도면오류 및 간섭 체크

○○청사 1-2구역 프로젝트에서는 3D 전환 설계 이후, 과거 모델러 또는 엔지니어의 육안검토 위주로 수행해 왔던 오류 및 간섭 체크를 SMC(Solibri Model Checker)와 육안검토를 병행하는 방식으로 수행하였다. BIM 적용범위는 비정형 건축물인 지하 2층, 지상 7층의 1개 동(약 68,100m^2)의 구조, 건축마감, MEP 공종이었다. 2009년 4월 CD 100% 도면을 BIM으로 전환하여 '도면 오류'가 75건, '공종간섭'이 33건, 총 108건을 발견하였다.

[표 3-8] 간섭 및 오류 체크 결과(노현우, 2012)

체크리스트 구성항목		건수	비율(%)
도면 오류	도면 누락 및 중복	17	16
	도면 상이	58	53
공종간섭		33	31
계		108	100

번호	검토내용	체크관련도면 및 문제사항		관련도면	비고
02	〈지상2층〉 A18–19/Y5–6 구조/건축	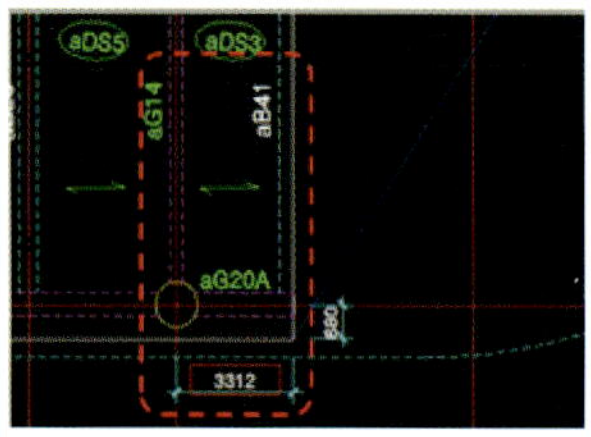 지상 2층 구조 평면도 A18측열 기준으로 3,312 거리까지 슬래스 표현	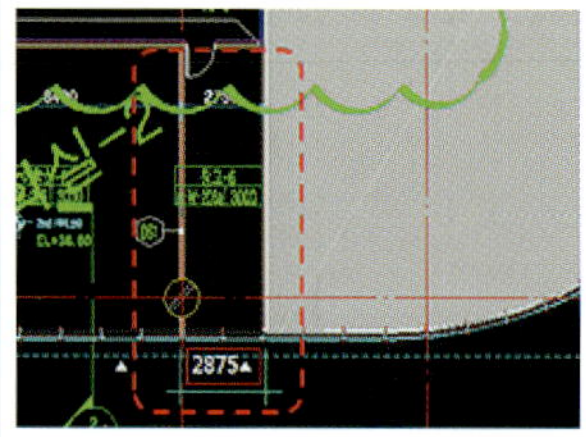 지상 2층 평면도 A18측열 기준으로 2,875 거리에 건식벽체 생성	S1–032 지상 2층 확대구조 평면도–2	
		구조평면도상의 슬래브(보) 표현과 건축평면도상의 실 구획 표현의 상이함으로 우측 3D 이미지와 같이 1층 로비에 보가 돌출됨	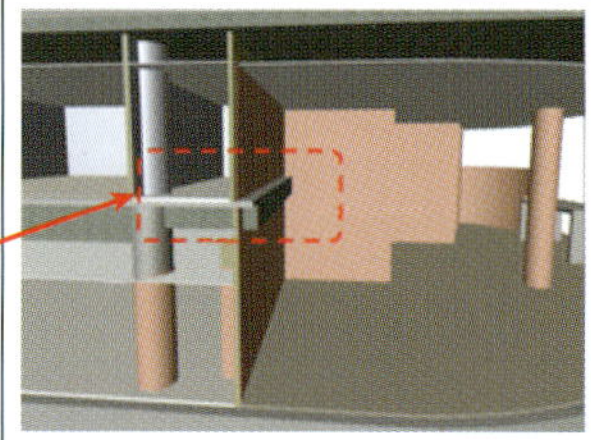	A1–252 지상 2층 확대 평면도–2	

[그림 3–10] 구조도면과 건축도면 상이

② 가설계획 검토

현장 타워크레인 및 호이스트, 가설 울타리, 현장출입구, 세륜기 등의 가설계획을 BIM으로 검토하였다.

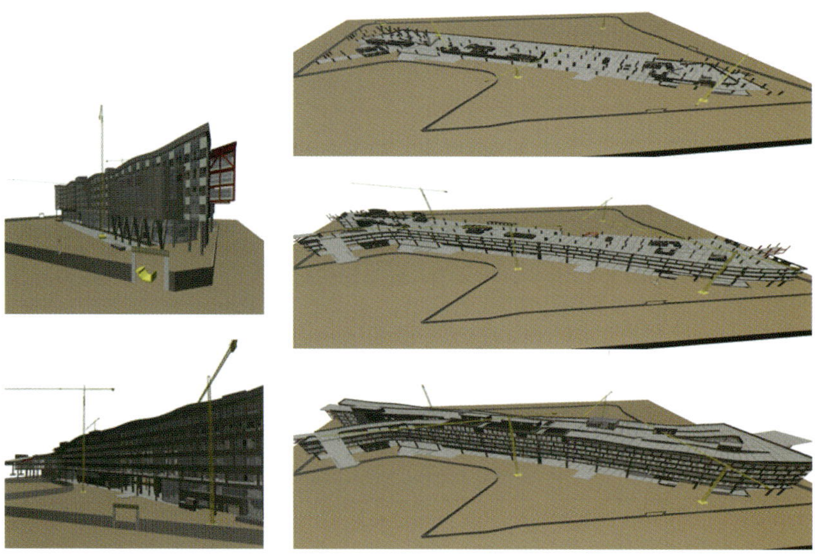

[그림 3–11] 가설계획 검토

③ 시공성 검토

실 내부의 천장모양이 부채꼴 모양으로 설계되어 시공시 천장 텍스 분할에 대한 검토를 BIM으로 시뮬레이션하였다. 설계도서 기준으로 텍스를 시공할 경우, 발생할 수 있는 쪽판에 대한 대안도 검토하였다. 기존안은 텍스온장(600×600) + 텍스쪽장, 대안 1은 텍스온장(600×600) + 비닐페인트, 대안 2는 비닐페인트이다. 또한 커튼박스와 커튼월이 만나는 부분에 대한 미관상 저해요소에 대해서 BIM으로 시뮬레이션하고, 프로젝트 참여자 간의 의사결정 시 활용하였다.

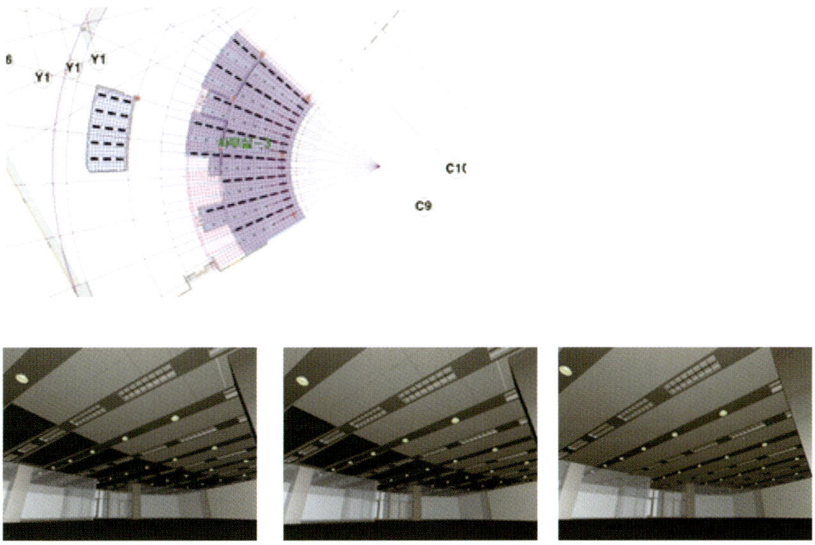

기존안 대안 1 대안 2

[그림 3-12] 천장 텍스 부분 시공성 검토

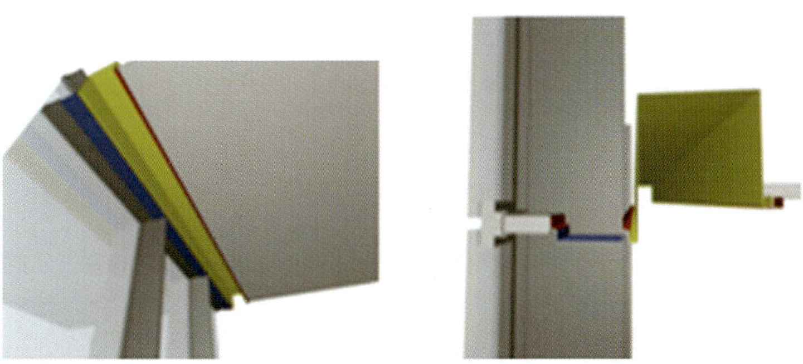

[그림 3-13] 커튼월과 커튼박스 접합부 시공성 검토

3) BIM 효과

ㅇㅇ청사 1-2구역 BIM 적용은 정성적인 효과면에서는 디자인 또는 시공상 문제가 발생될 것이라고 예상되는 부위를 사전에 BIM의 시각화 기능을 이용하여 프로젝트 참여자 간 의사소통 및 시공난이도 검토에 많은 도움이 되었다. 또한 도면오류 및 공종간섭을 시공 전에 체크하여 설계품질을 향상시킬 수 있었다.

정량적 효과면에서는 재시공으로 인한 공기지연 및 원가상승이 방지할 수 있었다.

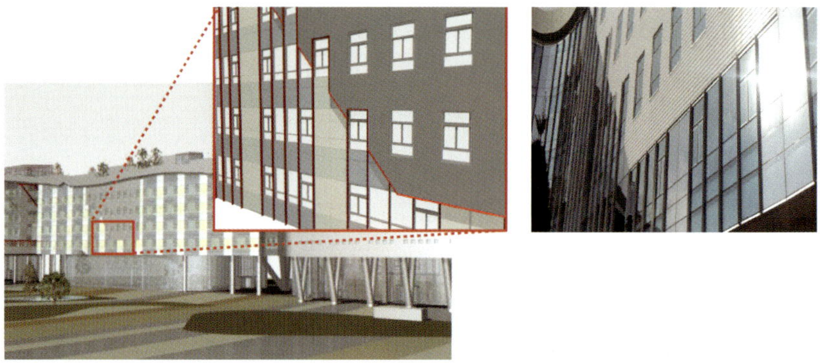

[그림 3-14] 커튼월 BIM 시각화

[그림 3-15] 천장 텍스 BIM 시각화

[표 3-9] ㅇㅇ청사 1-2구역 BIM 효과

구분		내용
정성적 효과		- 프로젝트 참여자 간 커뮤니케이션 향상 - 설계품질 향상
정량적 효과	공기지연 방지	- 재시공으로 인한 공기지연 방지
	원가상승 방지	- 재시공으로 인한 원가상승 방지
	공기단축	-
	원가절감	-

BIM 기반 비정형 건축물 시공 3

비정형 건축물은 구조해석 및 재료면에서 일반 건축물과 많은 차이를 보이며, 정례화된 시공방법이 존재하지 않는다. 특히, 시공 단계에서 필요한 정확한 시공좌표를 획득하기 위해서는 기존 2D CAD 위주의 도면만으로는 많은 어려움이 있다. 이로 인하여 도면의 이해 등에 대한 커뮤니케이션으로 인한 공기 지연이 발생하며, 품질저하 등의 많은 문제가 발생된다.

그동안 건설사에서는 이러한 문제를 해결하기 위해 목업(Mock-up) 시공, 3D CAD의 활용 등 다양한 시도를 통해 보다 품질 높은 건축물을 만들기 위해 노력하여 왔다. 하지만 목업시공과 같은 기존의 접근법은 정확한 시공좌표 추출의 문제, 공장제작 자재의 치수 결정의 어려움, 현장시공 오차문제 등으로 인해 품질저하뿐만 아니라 재시공의 리스크를 많이 가지고 있다. 이러한 문제를 해결하기 위해 최초 건설사에서는 BIM을 활용한 비정형 건축물의 시공을 추진하고 있으며, 경험 사례가 적은 비정형 건축물의 시공 리스크를 최소화하려는 노력을 하고 있다.

본 절에서는 비정형 건축물인 트라이볼(구 인천세계도시축전 기념관, 이하 트라이볼) 사례로 BIM을 현장에서 활용하고자 하는 건설사의 접근방식과 BIM 적용의 효과에 대해 설명하고자 한다.

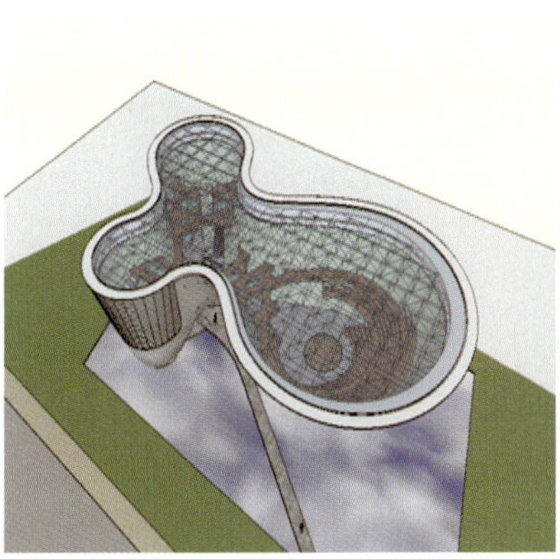

[그림 3-16] 4D 트라이볼 BIM 데이터와 실제 시공 사진

1. 트라이볼 프로젝트

1) 개요

트라이볼[16] 프로젝트는 BIM을 활용하여 시공한 대표적인 비정형 건축물로, 세계 최초의 RC(Reinforced Concrete) 역쉘구조[17]를 가지고 있으며, 포스트텐션(Post-Tensioning) 공법[18]을 통해 힘을 지탱하도록 디자인되었다. 또한, 외부 입면은 노출콘크리트와 아노다이징(Anodizing) 패널을 주재료로 사용하고, 실내는 바닥과 벽의 전통적 구분이 없이 3차원 공간으로 전시, 공연, 회의, 판매 등 다양한 프로그램이 유기적으로 이루어질 수 있게 구성된 건축물이다.

트라이볼의 설계 시에 비정형 건축물을 디자인하기 위해 BIM 소프트웨어 중 비정형에서 많이 활용되고 있는 Rhino와 CATIA[19]를 사용하였으며, 기존의 건축설계 및 시공방법과 함께 비정형 건축물의 설계 프로세스(Reverse engineering, Rapid-prototyping, Geometry optimization, Parametric modeling)를 적용하여 수행하였다.(박준석 외, 2009) 설계 시 BIM 모델링은 건축 골조, 외장, 인테리어, 공조덕트, 배관, 위생배관, 소화배관, 제연덕트, 전기케이블 트레이, 캣 워크, 조명 등에 적용되었다.

[그림 3-17] 4D 트라이볼 전경

16 트리플(Triple: 셋)과 볼(Bowl: 사발)의 합성어로 인천경제자유구역인 송도, 영종, 청라 국제도시를 상징하는 3개의 막사발 형태이며, 수심 60cm, 가로 80m, 세로 40m의 수공간 위에 떠 있도록 배치되어 세 개의 그릇이 떠 있는 듯한 모습을 보이고 있음.

17 역쉘구조물은 브라질의 건축가 오스카 니마이어(Oscar Niemyer)의 '브라질 국회의사당' 혹은 '니테로이 현대미술관'의 경우가 유사한 프로젝트로 볼 수 있겠지만, 트라이볼은 3개의 역쉘구조물이 모여있는 형태이기에 시공이 더욱 난해한 특징을 가짐.

18 콘크리트에 프리스트레스를 주는 방법의 하나. 시스 내에 PC강재를 배치하여 콘크리트를 타설하고, 콘크리트 경화 후에 PC강재를 긴장하여 정착구를 써서 재단부(材端部)에 정착함으로써 인장응력을 도입하는 방법 (건축용어사전 참조)

19 기계/항공/자동차/조선 등 제조업에서 주로 활용되는 3D 솔루션으로, Gehry Technologies가 활용하고 있는 Digital Project의 기반 엔진임.

[그림 3-18] 간섭사항 답변용 도면 : A코어 이벤트홀 철골 브리지 접합도면

하지만 트라이볼의 설계단계에서 BIM 기술이 도입되었음에도 불구하고, 초기 시공단계에서는 Rhino와 같은 BIM 소프트웨어를 쓰기가 어려워 2D 도면만이 주어졌다. 이로 인하여 시공에 관한 많은 질의 사항(RFI; Request For Information)이 발생하여, 이를 해결하고자 시공 시에도 BIM을 활용하고자 하였다.

시공현장에서는 초기에는 도면검토 및 시공 시의 커뮤니케이션 문제 및 도면이해도 향상을 위해 설계 시 작성되었던 BIM 모델을 요청하였다. Rhino와 같은 BIM 소프트웨어에서 만들어진 BIM 모델을 비교적 간단한 소프트웨어인 스케치업(Sketch-up) 파일로 전환하여 활용하였다. 이것으로 트라이볼 코어 내부의 불분명한 선형들과 2D 도면에 관한 이해도 향상을 도모하였다. 또한 설계사 직원의 현장상주를 통하여 내부 인테리어 공사의 회의 시에는 CATIA 소프트웨어를 활용하여, 인테리어 공사와 설비공종 간의 간섭사항을 사전에 체크하여 재시공의 리스크를 줄였다.

[그림 3-19]는 트라이볼을 대상으로 시공 단계 BIM 모델 및 BIM을 이용한 시공 과정을 도식화한 것이다.

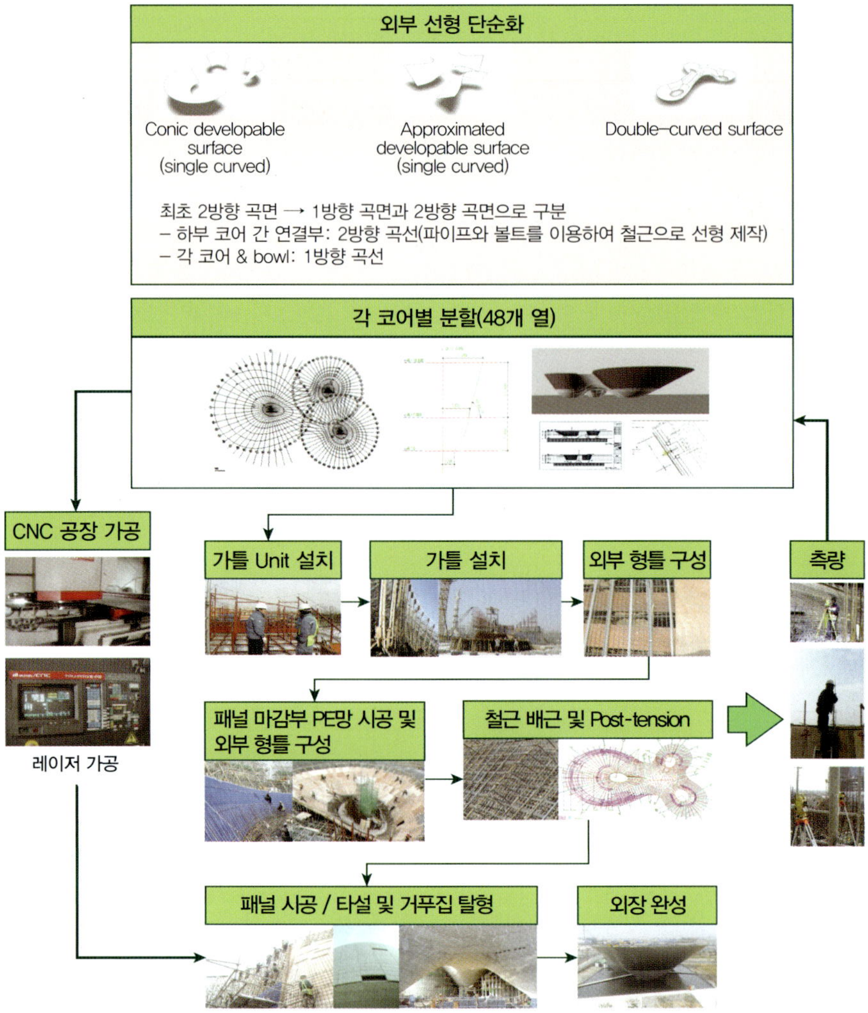

[그림 3-19] BIM을 이용한 트라이볼 골조 및 외장 공사 프로세스

2. 수행 내용

1) 외부 형틀 공사

트라이볼은 디자인의 특성상 정밀시공을 위해서는 외부 형틀을 어떻게 시공하느냐가 최대의 관건이었다. 트라이볼의 설계단계에서는 리버스 엔지니어링(Reverse-engineering)을 적용하여, 모형의 형상을 레이저 스캐닝 장비로 입력 받아 그 정보를 가지고 컴퓨터상에서 3차원 형상을 구현하였으나, 모든 지점에

대한 데이터를 도면을 통해 제어하는 것은 불가능한 상태였다. 따라서 시공단계에서는 특정 단면을 분할하여 가틀을 제작해 시공을 하였다.

가틀 제작은 많은 시간이 요구되는 정밀작업이기는 하나, 가틀의 정밀도에 따라 구조물 전체의 시공오차를 최소화할 수 있다. 그리고 트라이볼의 세 개의 코어(core) 시공 시에는 크게 하부 코어 간 연결부(Double surface)와 각 코어를 나누어 가틀을 제작하였다. 또한 시공 중 가장 복합한 부분인 코어 간 연결부는 두 방향 곡면이기에 두 방향 단면을 도면화하여 각 파이프와 볼트를 이용해 철근으로 선형을 만드는 방법을 채택하였다. 그리고 이를 유닛(unit)으로 조립하여 연결하는 방식으로 시공 하였다.

[그림 3-20] 가틀, 형틀 설치

[그림 3-21] 외장 패널 설치

각 코어부는 48열로 나누어 단면값을 산출하고, 이를 별도로 제작하여 설치하는 방법을 채택하였다. 정확한 설치를 위해 각 코어 중심에 가설 틀비계로 워킹타워(Working tower)를 만들어 각 형틀까지의 거리와 수직도를 측량하여 정밀한 시공을 할 수 있었다. (김동휘, 2009)

트라이볼의 외부 마감면은 크게 노출콘크리트와 아노다이징(Anodizing) 패널로 나뉜다. 특히, 노출 콘크리트의 경우 골조면의 상태가 전체 콘크리트의 공사기간과 품질에 결정적인 영향을 미치는 것을 염두에 두고 공법을 선정하였다. 곡면형틀의 분할은 수학에서 미적분의 원리와 동일한 개념으로, 곡면 하부면적을 얼마만큼의 작은 사각형으로 분할하느냐에 따라 시공의 정확도를 결정짓는다. 따라서 곡면의 선형을 최대한 표현하는 문제와 구조적인 하중의 문제에 대한 다양한 논의를 거친 끝에 곡면형틀을 최대한 분할하되 형틀이 콘크리트 측압을 견딜 수 있도록 구조적인 보강을 하였다.

2) 내부 형틀공사

트라이볼은 [그림 3-22]와 같이, 응력분포에 따라 쉘(Shell)의 두께가 설계되어 두께가 400~1500mm의 다소 불규칙한 내부면이 형성되는 특징을 가지고 있었다.

따라서 내부 형틀공사는 두께 변환 구간에 유연하게 대처하며, 내부응력을 지지할 수 있는 공법이 필요하였다. [표 3-10]은 시공계획 단계에서 고찰한 3가지 대안과 선정결과를 나타낸 것으로, 최종적으로 1안을 선택하되, 유로폼 사이의 메탈라스를 가로 방향으로 2겹을 겹쳐 설치하는 형태로 공사를 수행하였다.

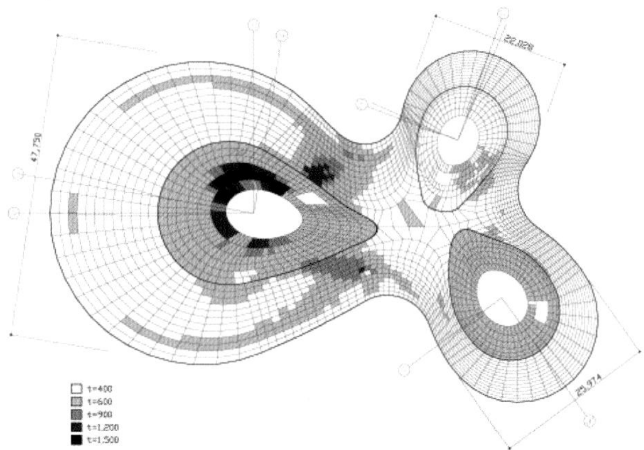

[그림 3-22] 쉘(Shell) 두께 평면도(응력에 따른 다양한 두께 분포)

[표 3-10] 형틀 대안 비교

구분	1안 유로폼+메탈라스	2안 PE망+메탈라스	3안 메탈라스
속도	느림	보통	빠름
마감성	보통 (Tie가 강한 부분 타설공극발생)	불량 (Tie 없는 부분 요철 심함)	불량 (전체적인 마감면 고르지 못함)
선택	○	-	-

3) 포스트텐션 공사

포스트텐션 공법은 주로 교량, 도로 등 대규모 토목공사에서 사용되던 것으로, 최근 일반 건축물에 확대 적용되고 있다. 특히, 비정형 디자인의 구현과 장 스팬 공간 등의 다양한 필요에 의해 그 빈도가 늘어가고 있는 추세이다.

트라이볼의 경우에도 포스트텐션 공법은 총 157개소에 13km 길이로 시공되었다. 트라이볼의 쉘 벽체는 최대 경사 55°로, 건물 중심에서 바깥쪽으로 발생하는 응력에 대한 구조적 대응인 동시에 발생할 수 있는 균열을 방지하기 위해 포스트텐션 공법으로 설계되었다. [그림 3-23]과 같이 BIM에서 추출한 데이터를 활용하여 매립관 설치시 정밀시공이 가능하였다.

[그림 3-23] 포스트텐션 매립관 사진

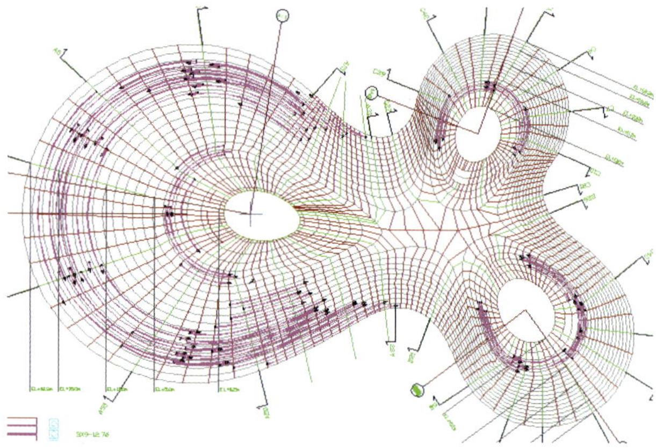

[그림 3-24] 쉘 부분 포스트텐션 평면도(1F 하단)

4) 측량

비정형 건축물에서 측량은 정확한 시공좌표를 확인하고 시공오차를 최소화하기 위해서 반드시 수행하여야 할 중요한 부분이다. 트라이볼에서는 [표 3-11]과 같이 비정형에서 고려 가능한 3가지 측량방식의 특징 및 장 · 단점 분석을 실시하였으며, 이를 통해 광파기(Total station)를 선택하여 측량을 실시하였다.

[표 3-11] BIM 모델과 연계 가능한 측량 도구 비교(노현우,2013)

구분	GNSS[20] (Global Navigation Satellite System)	3D 레이저 스캐너 (3D Laser scanner)	광파기 (Total station)
이미지	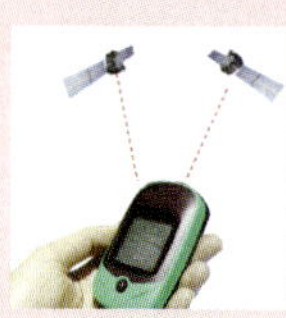		
특징	- 위성을 이용한 측위 시스템, 각 위성에서 발신되는 데이터로 이를 처리할 수 있는 기기를 가진 사용자는 3차원 좌표 이용 가능 - 주변 건물에 의해 좌표가 왜곡될 수 있음.	- 칼럼쇼트닝 등시공 중/후의 건물형상변화를 전체적으로 측정 - 스캐너와 건물사이가 멀수록 오차발생 - 결과 판정시 숙련자 필요	-CAD 도면을 좌표화하여 데이터를 선입력 후 측량하여 속도가 빠름 - 최초 기준좌표의 신뢰성이 중요

20 국가별 명칭
- USA: NAVSTAR GPS 1980년 이후
- EU: Galileo 2008년 이후
- Russion: GLONASS 1993년 이후

코어별 Working tower 설치 | 시공위치 지정

[그림 3-25] 코어별 워킹타워 및 측량

광파기를 이용한 측량은 크게 두 가지 방식으로 이루어졌다. 하나는 골조 공사의 각 코어별 가틀 설치 시 이루어졌으며, 다른 하나는 내부 거푸집, 포스트텐션(Post-tension), 철골 트러스(Truss) 공사 등에서 시공 위치를 지정하기 위하여 이루어졌다.

코어별 가틀설치에 관한 측량은 트라이볼의 3개의 각 코어 중심에 워킹 타워(Working tower)를 설치함으로써 측량효율을 높일 수 있었고, 비정형 부위의 형틀설치 위치를 지정하여 시공품질을 높일 수 있었다.

5) 외장 패널 공사

트라이볼의 외장 패널은 형틀공사와 함께 공사 중 주요 이슈 사항으로, 제작오차나 설치오차에 의해 설계와 실제현장 상황이 다를 경우, 설치 자체가 안 되는 경우가 빈번히 발생될 것이 예측되었다. 이러한 사항을 고려하여 트라이볼 외장 패널(약 34,000m^2) 공사는 [그림 3-26]과 같이 총 5개월에 걸쳐 3D 기반의 시공 상세도 작성, 패널 제작 및 설치가 이루어졌다.

(단위: 월)

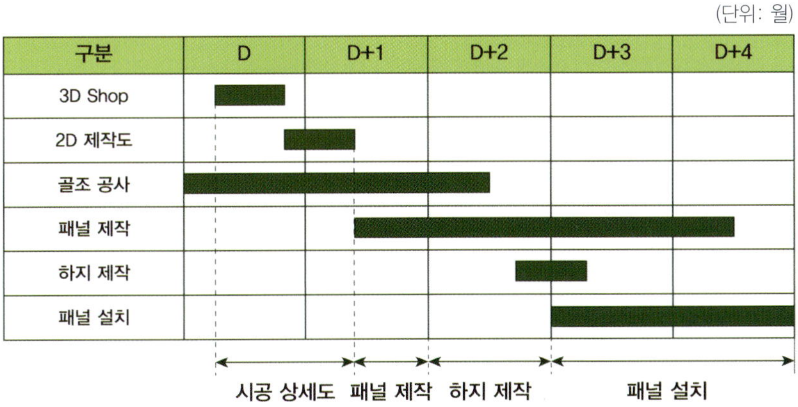

[그림 3-26] 트라이볼 외장 공정표

패널의 분할은 BIM을 활용하여 제작에 필요한 절곡위치 및 치수를 추출하였다. 그리고 각각의 패널은 CNC(Computerized Numerically Controlled) 머신을 이용하여 공장에서 레이저 가공하고, 각 고유번호에 따라 분류하여, 조달 및 시공의 오차가 발생하지 않도록 관리하였다. 또한 제작오차와 설치오차의 흡수가 가능한 외장 패널 디테일을 채택하였고, 시공오류를 방지하였다.

3. 효과

트라이볼과 같은 비정형 건축물의 원가상승 및 공기연장 방지를 위하여 BIM은 필수적이었다.

▪ 원가상승 방지

트라이볼의 경우 금속으로 지붕이 이루어져 벽체와 지붕이 만나는 부분의 품질이 중요하였다. 처마부위의 패널을 처음에는 2D 도면 좌표만으로 가공하여 현장 목업을

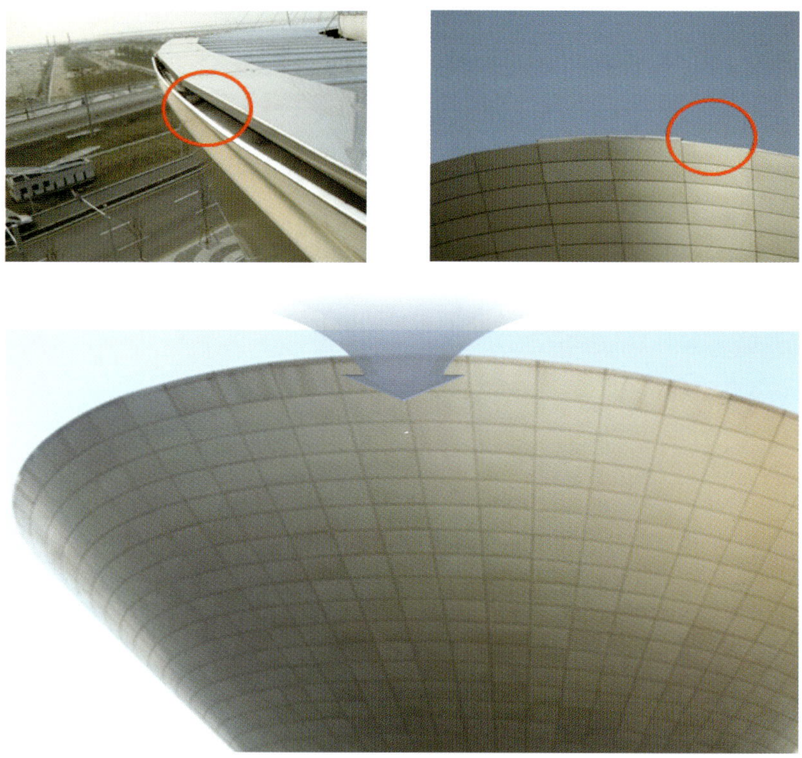

[그림 3-27] 처마부위 패널 설치

하였다. 그 결과 패널 사이 간격이 너무 넓어 누수 및 미관상 저해가 우려되었다. 이를 실제 시공 시에는 BIM을 이용하여 패널의 3점 좌표를 추출하여 공장제작 패널의 품질을 높일 수 있었다. 이로 인하여 현장시공 시에도 오차가 최소화되었다. 곡선부의 패널을 공장에서 가공이 어려워 현장에서 가공 및 설치가 이루어질 경우 추가적인 인건비 및 가공비 발생이 우려되었지만, BIM으로 공장가공이 가능해 추가 원가상승을 방지할 수 있었다.

■ 공기 지연 방지

비정형 건축물의 경우 일반 건물에 비하여 시공사례가 많지 않아 현장에서는 작업자의 기량이 발휘되는 시간이 더 소요된다. 또한 일반 건물에 비해 도면의 표기사항이 다양하고 낯선 항목이 많기 때문에 도면에 대한 설명과 확인사항이 빈번하게 발생한다.

트라이볼에서는 경사지에서 작업이 자주 이루어져 작업자의 피로도가 컸고, 반복적인 작업이 아닌 새로운 형태의 작업이 많아 공기지연이 처음부터 예상이 되었다. 또한 재작업이 일어날 경우 공기지연을 피할 수 없었기 때문에 공정회의 시에 협력사 현장대리인뿐만 아니라 반장급 인원까지 참석하게 해 BIM 모델로 도면의 이해도를 높이도록 하였다. 그 결과 작업자의 도면 이해도가 향상되어 공사 초기에 예상했던 재작업이 줄어들었다.

[그림 3-28] 경사부위 형틀 및 철근 공사

[표 3-12] 트라이볼 BIM 효과 요약

구분		내용
정성적 효과		공사참여자 간, 프로젝트 참여자 간 커뮤니케이션 향상, RFI 감소
정량적 효과	공기지연 방지	재시공으로 인한 공기지연 방지
	원가상승 방지	재시공으로 인한 원가상승방지 자재 재발주 최소화 비정형부위 목업 비용 추가방지
	공기단축	-
	원가절감	-

4 MEP 분야의 BIM 적용

MEP(Mechanical, Electrical, Plumbing) 분야는 건축 및 구조 공간의 고려 부족, 표기의 한계, 개별 단위의 도면화 등으로 인해 간섭 및 오류가 빈번히 발생하고 있으며, 시공상세도(SHOP Drawing) 작성 등의 추가 작업이 요구되고 있는 실정이다.

이러한 이유로 MEP BIM은 타공종에 비해 많은 수요(Need)에 힘입어 시공현장에서 적용이 시도되고 있으며, 그 결과 여러 부분에서 설계 오류 및 간섭을 해결하고 있다. 하지만 일부 사례에서 나타나고 있는 단순 간섭 체크 위주의 접근은 설계품질 확보, 재시공 방지, 리스크 감소 등의 효과는 있으나, 간섭 체크를 위해 BIM을 시도하기에는 비용대비 효과가 크다고 하기는 어렵다. 따라서 본 절에서는 최근 MEP 분야에 대한 시공현장의 다양한 요구를 반영하여 수행된 인천광역시 송도 센트럴파크 II 프로젝트 사례 소개를 통해, MEP 분야의 BIM 기반 시공상세도(Shop Drawing)를 설명한다.

1. 개요

송도 센트럴파트 II 프로젝트에서 MEP 분야 BIM 적용은 2D로 설계된 실시도면, 시방서 등을 BIM 전환설계를 거쳐 BIM 모델에서 시공상세도(SHOP Drawing)등에 필요한 데이터를 추출하는 절차로 실시되었다. 또한 체계적인 BIM 모델

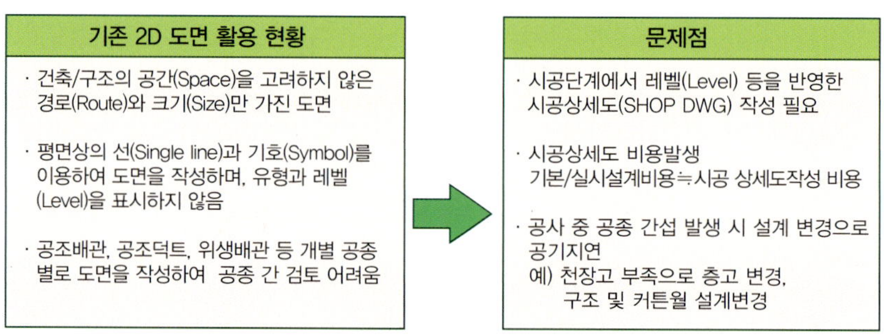

[그림 3-29] MEP 분야의 활용 현황 및 문제점

기존 2D		시공 단계 BIM 기반 MEP 적용	
- 시공단계의 2D 기계, 전기 시공상세도는 2D 건축/구조/기계/전기도면을 참조하여 설비의 위치 및 공간을 고려하여 검토 - 전반적인 검토가 끝난 후 기계/전기/소방 등 각 공종별로 시공상세도(SHOP DWG) 작성	전환 설계	**초기 준비 작업** · 실시설계 도면, 시방서, 타 공종 도면 통합 & 검토 · 각종 관련 법규 검토 · Level/Space 검토	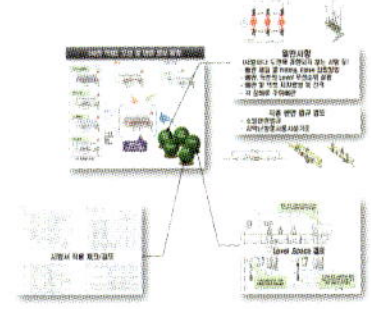
		라이브러리 제작 · 작업 효율성 고려 · KS 규격 기준 · 2D 도면화 고려(심벌)	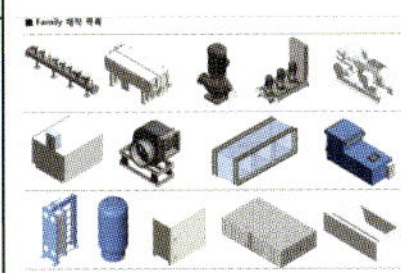
		모델링(기준 설정 포함) · 필터링을 고려한 속성정보 포함 · 물량산출 정보 포함 · 공간배치 및 레벨은 마감 및 시공 여유 등을 고려	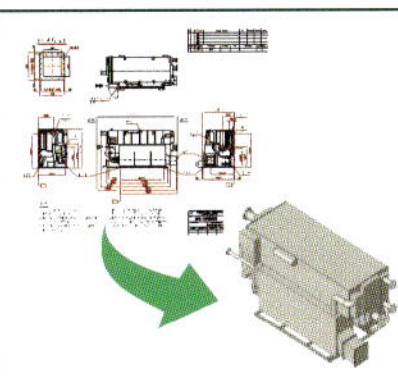
		결과 데이터 추출 · 2D: PDF 형태, 각종 도면 · 디지털 파일: 원본 파일, Walkthrough 파일, 3D PDF 파일	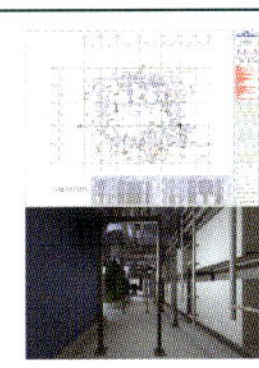

[그림 3-30] 인천광역시 송도 센트럴파크 II의 MEP 분야 BIM 적용 프로세스

링과 향후 활용을 고려하여, 초기 준비작업, 라이브러리 제작, 모델링 기준설정 및 모델링, 그리고 작성된 모델로부터의 결과 데이터 추출 및 활용의 순서로 진행되었다.

21 적절한 모델링을 위해서는 시방서 검토 시, MEP 관련 객체의 제원을 확인하고 고려하여야 함. 예: 배관 종류별 적용 재질, 배관 재질별 피팅류, 피팅류 접속 방법, 배관 종류별 보온 두께 적용기준, 밸브 사용구분 검토, 장비 및 기구사양 등

2. 수행 내용

1) 초기 준비 작업

효과적인 전환설계를 위해 모델링 전 실시설계 도면과 시방서(2D 도면에 미표기된 MEP 사항 체크[21] 등), 타 공종의 도면을 통합하여 검토하고, 각종 관련법규(소방 관련법규, 지역 난방열 사용시설 기준 등) 검토, 그리고 건축, 구조, 기계, 전기 공종 간 공간 및 레벨 검토의 과정에 해당한다.

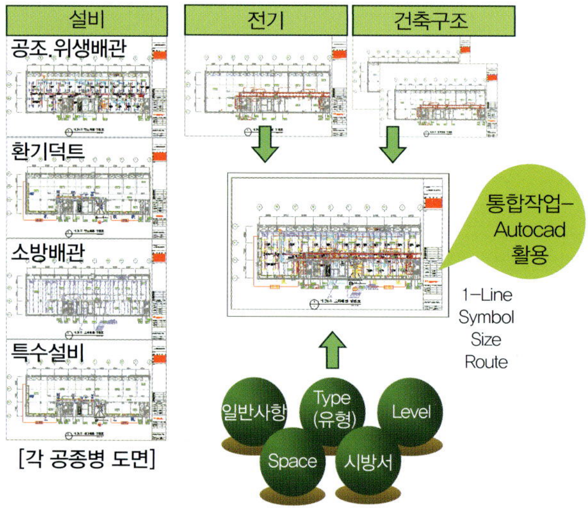

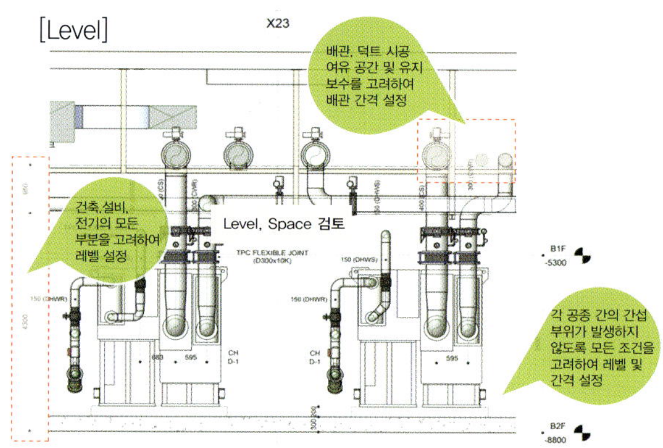

[일반사항]

- 시방서나 도면에 표현되지 않는 일반적인 사항 등
  - 배관 재질별 Fitting, Valve 접합방법
  - 배관, 덕트의 Level 우선순위 설정
  - 배관 및 덕트 지지방법 및 간격
  - 각 장비류 주위배관
- 각종 관련 법규를 검토
  - 소방관련 법규
  - 지역난방열 사용시설 기준

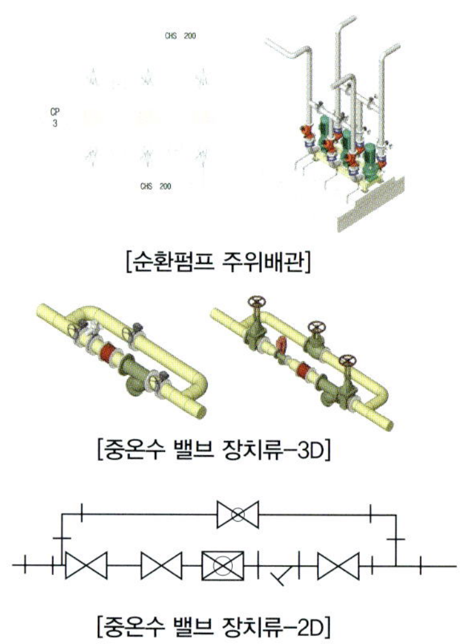

[그림 3-31] MEP 분양 BIM 적용을 위한 사전작업

2) 라이브러리 제작

라이브러리 제작은 작업의 효율성을 고려하여 다음 내용을 기준으로 수행하였다.

- 밸브 제작 시 파이프 크기를 자동으로 인지하여 밸브 크기가 변경되도록 제작
- 모델링 작업 시 반복되는 작업을 줄이고 작업의 효율성이 증대되도록 제작
- 밸브류, 피팅류 등은 KS규격 기준으로 제작하나, 그렇지 않을 경우 가장 보편화된 모델을 선정 후 제작
- 주요 수량산출과 2D 도면에서의 태그(Tag) 표현방법을 고려하여 제작
- 최종 출력물인 2D 도면화를 고려하여 심벌이 포함되어 있는 라이브러리 제작
- 장비류는 현장에서 선정된 모델을 기준으로 작성하며, 승인도면을 이용하여 3D 라이브러리 제작
- 하나의 라이브러리 파일에서 유사 라이브러리로 가변성 있게 제작

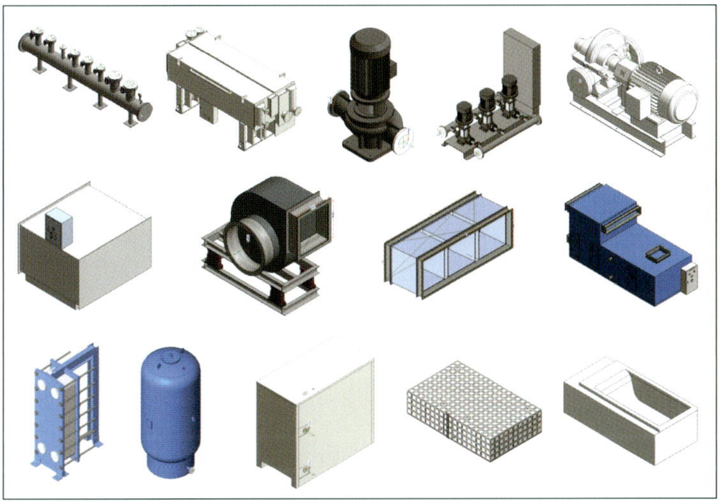

[그림 3-32] MEP 라이브러리의 예

3) 모델링

MEP 분야의 모델링은 앞서 설명한 초기 준비작업과 생성된 라이브러리를 기반으로 진행되었으며, 모델링은 다음의 작성기준에 의거하여 수행하였다.

- 각 공종별, 시스템별로 구분하여 요소의 필터링이 용이하도록 속성정보 포함
- 모델 요소에 주요 수량산출을 위한 수량산출 정보를 포함하여 작성
- 공간배치 및 레벨은 건축마감과 시공 여유 등을 고려하여 설정
- 모델링 시점은 장비선정과 동시에 작업진행
- 시공상세도 추출을 고려하여 모델링

공종 간 간섭 체크 및 타공종과의 조율(Coordination)뿐만 아니라, 시공단계에서의 협업 및 시공을 위한 시공상세도 추출 등에 생성된 BIM 모델을 활용하였다. 2D 도면은 BIM 소프트웨어가 설치되어 있지 않아도 출력이 가능하도록 PDF 파일로 추출하는 것을 원칙으로 하여, 각종 평면도, 단면도, 상세도, 주요 부분 이미지 파일, 각종 시공 관련 도면, 각 공종별 개략적인 수량산출 일람표, 구조 개구부(Opening) 관련 평면도, 단면도 등을 대상으로 데이터를 추출하였다. 디지털 파일은 Revit 원본 파일, 공정 회의 등에서 활용하기 위해 워크스루(Walk-through) 동영상 파일(Navisworks 이용) 및 3D viewer 파일(Acrobat 3D PDF 이용)을 생성 및 활용하였다. (권방호, 2010)

■ 49층 기계실 VR

전체 3D VIEW

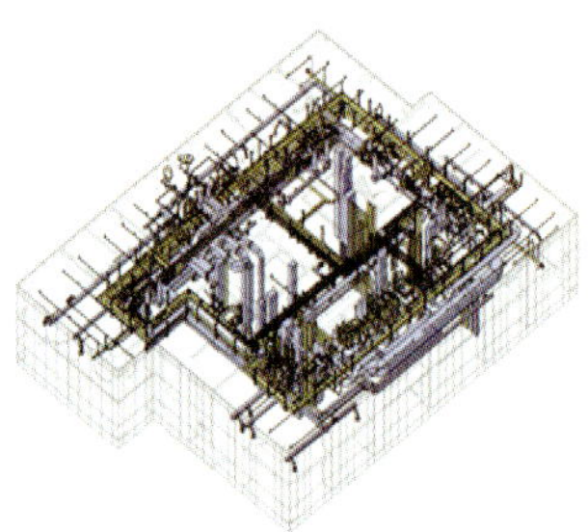

배관 3D VIEW

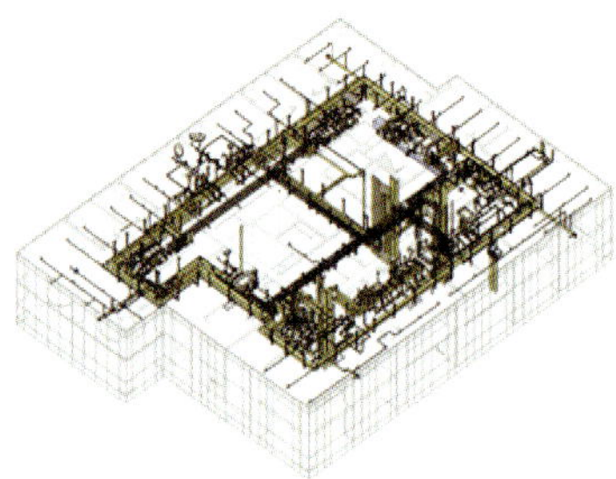

덕트 3D VIEW

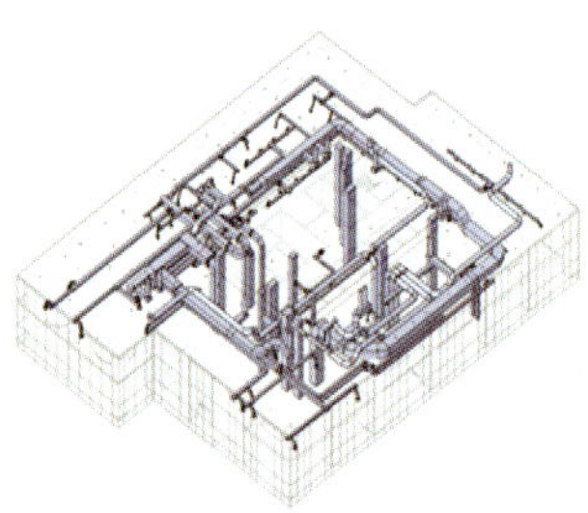

단면 상세

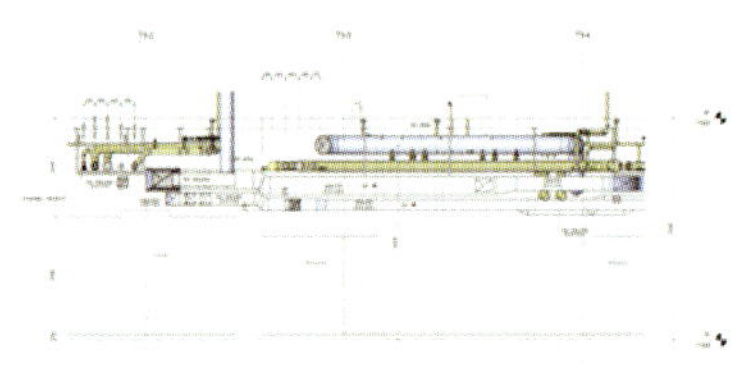

송도 센트럴파크 II 주상복합신축공사 〉 203동 3층

[그림 3-33] BIM 모델로부터 추출된 데이터의 예

3. 효과

BIM으로 공종간섭을 체크한 후에 시공상세도 작성을 위한 BIM 데이터를 추출하고, 작성한 센트럴파크 Ⅱ 사례를 중심으로 MEP 분야의 BIM 적용효과를 정리해 보면 다음과 같다.

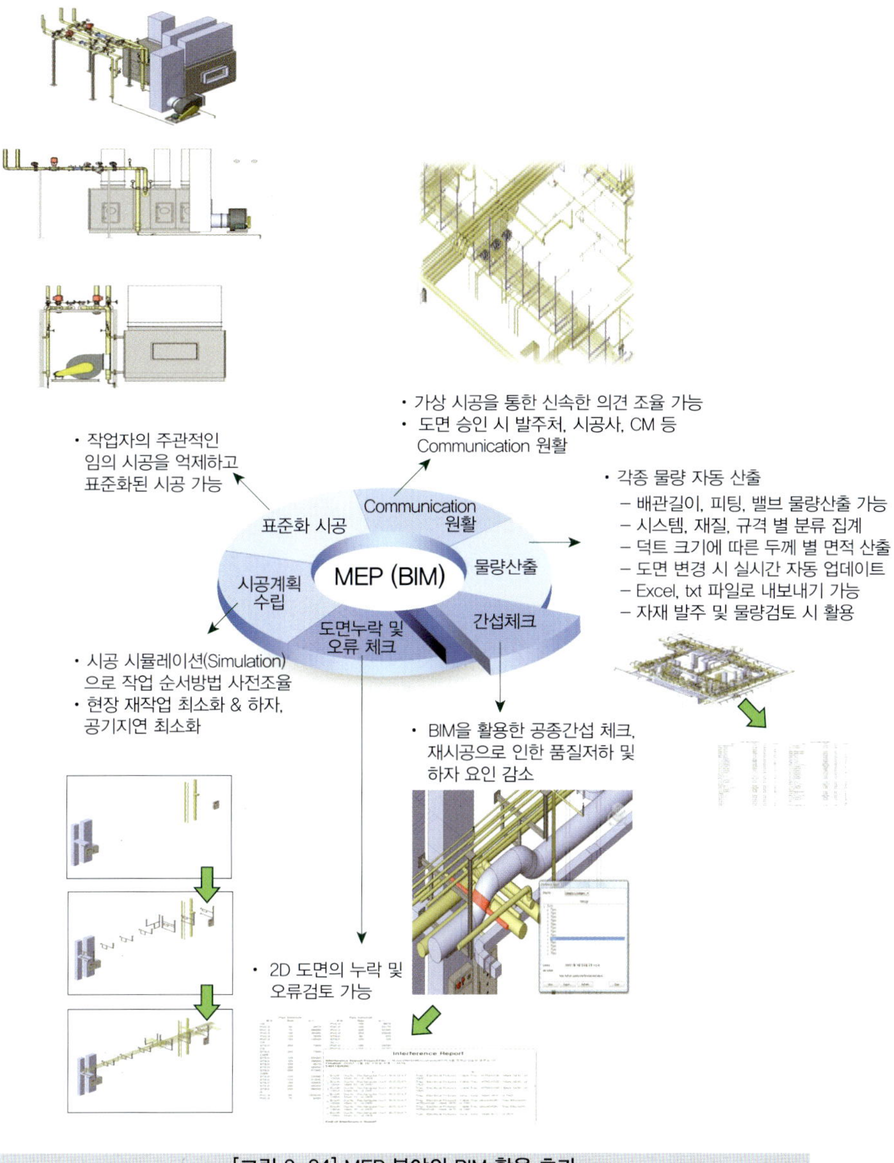

[그림 3-34] MEP 분야의 BIM 활용 효과

기존 2D 설비 도면은 건축과 구조의 공간을 무시한 채 경로와 크기만을 가진 도면으로 시방서, 법규 그리고 타 공종도면을 전혀 고려하지 않은 것이 많았다. 지금까지 현장에서는 이러한 문제를 해결하기 위해 시공상세도를 각 공종별 2D CAD 도면을 겹쳐서 검토하였는데, 실제로 이것을 수행하기에는 어려움이 많았으나 BIM 적용을 통해 그 문제를 많이 해결할 수 있었다.

정성적 효과로는 BIM을 통해 공사참여자 간 커뮤니케이션이 향상되었고, 도면 오류 및 공종간섭을 최소화하여 설계품질을 향상시킬 수 있었다. 이러한 정성적 효과로 인해 재시공, 자재 재발주로 인한 공기지연 및 원가상승을 방지하고 자재의 조달기간을 단축할 수 있었다.

[표 3-13] 송도 센트럴파크 II BIM 효과

구분		내용
정성적 효과		프로젝트 참여자 간 커뮤니케이션 향상, 설계품질 향상
정량적 효과	공기지연 방지	재시공으로 인한 공기지연 방지
	원가상승 방지	자재 재발주, 재시공으로 인한 원가상승 방지
	공기단축	자재조달 기간단축
	원가절감	–

4D(공정) 및 5D(견적) 5

본 절에서는 국내 건설사에서 2009년부터 약 3년에 걸쳐 4D(공정, 이하 4D) 및 5D(견적, 이하 5D)를 현장에 적용하기 위해 시도한 프로젝트를 소개한다. 소개되는 3개 프로젝트는 2D 도면을 3D로 BIM으로 전환 설계하였으며, 이 모델링으로 4D 및 5D가 추진되었다. 2절의 사례와 동일 현장으로, 본 절에서는 4D와 5D를 중심으로 내용을 구성하였다.

1. 인천 아트센터 문화단지 프로젝트

1) 개요

인천 아트센터 문화단지 프로젝트는 3D BIM 모델을 토대로 4D와 5D의 실무 적용 가능성을 검토하고, 이를 통해 해외 BIM 성공사례에서 제시하고 있는 생산성 향상, 비용절감, 그리고 공기단축이 가능한지에 대한 효과를 검증하고자 시작되었다. 4D 및 5D BIM 수행순서는 다음과 같다.

① 정보분류체계 수립

- 4D 및 5D를 위한 모델의 LOD 결정, 객체 아이디(ID) 및 레이어(Layer) 체계 결정 등을 수행한 다음, 전환설계를 통한 만들어진 BIM 모델을 4D와 5D를 위해 수정, 보완

② 5D BIM 데이터(Data) 연계

- 3D 모델에서 나온 수량과 단가를 연결하는 견적(5D) 작업

③ 4D BIM 데이터(Data) 연계

- 3D 모델과 견적(5D) 정보를 기반으로 공정계획을 수립[22]하고, 4D 시뮬레이션 수행
- 4D 수행 시 BIM 모델의 수량정보를 확인하여 공기설정의 타당성에 대한 검토 수행

[22] 수량이 분배된 공종에 위치정보(LBS: Location Break down Structure)를 매핑하여, WBS 및 액티비티 구조를 만들고, LOB(Line Of Balance)/Gantte Chart/CPM 기법을 병행하여 초기 공정표를 작성하였다. 이때 수량이 할당된 액티비티를 기반으로 공정계획을 수립하였기 때문에 최종 결과물은 EVM(Earned Value Management)의 결과와 유사하게 일정 및 수량 정보가 통합된 형태의 공정관리체계를 완성할 수 있었다.

2) BIM 수행

① 정보분류체계 수립

4D 및 5D를 위한 레이어(Layer) 체계 및 모델링 기준은 3D 모델링을 하기 전의 수량산출 기준을 정의하였다. 레이어 체계 및 모델링 기준은 [표 3-14]와 같다.

[표 3-14] 모델링의 Layer 체계

분류	Group ID	Layer 이름	확장자	설명
구조	1	FOUNDATION	STR	기초
	1	RC SLAB		RC 슬래브
	1	RC BEAM		RC 보
	1	RC COLUMN		RC 기둥
	1	WALL		RC 벽
	1	STAIR		RC 계단
	1	STEEL COLUMN		철골기둥
	1	STEEL BEAM		철골보
	1	STEEL STAIR		철골계단
	1	PC SLAB		PC 슬래브
	1	PC BEAM		PC 보

[표 3-15] 모델링 기준

구분		내용
공통	1	Layer는 부재별로 입력하며, 부재의 ID는 ID창에 입력하여 분류한다
	2	오류사항 발생 시, ArchiCAD의 Mark-Up 기능을 이용하여 체크한다(색상별 지정).
	3	Layer Extension은 건축-ARC, 구조-STR, 도면-Drawing으로 지정하여 사용한다.
	4	계단 Modeling 시 Constructor에 내재되어 있는 라이브러리를 사용한다.
	5	건축과 구조의 경우 Layer를 생성할 때 Intersection group number를 다르게 적용한다.
	6	계단의 경우 구조와 마감부분을 나누어 모델링 한다
	7	Library 사용은 반드시 지정된 Library를 사용하여야 하며, 부득이한 경우 협의 후 추가 Library를 사용한다.
	8	특수 Library 사용 및 개발 시 수량 Parameter를 생성하여 DB와 연동하여 사용할 수 있다.
	9	RC를 모델링할 경우, Layer명에 콘크리트 강도를 입력한다.
	10	SEO는 가급적 사용하지 않고 ROOFTRIM을 사용하여 모델링한다.
	11	모든 부재 Modeling은 층별로 나눈다.

② 5D BIM 수행

BIM의 3D 모델링에서 나온 수량정보와 일위대가를 연계하는 작업을 Vico Software를 이용하여 수행하였다. Vico Software에서 견적하기 위해 3D BIM 데이터 들여오기를 하였다. Vico Software에서는 모델링된 객체정보를 Recipe라 한다. Recipe는 필요에 따라 Consumption(비율)을 활용하여 Methods(내역공종, 이하 Methods), Resource(일위대가, 이하 Resource)로 직접 공사비를 산출하였다.

이러한 개념을 [그림 3-35]와 같이 설명할 수 있다. 예를 들어 하나의 기둥 모델 정보는 Vico Office에서 들여오기를 한 경우 기둥모델은 Recipe 분류체계 중 하나의 Recipe로 분류한다. Recipe에서 Methods(내역공종)별로 필요한 부피, 표면적 등의 정보를 추출하는데, Methods가 철근콘크리트 공사의 형틀 수량산출을 위해서는 기둥의 표면적이 필요하다.

이렇게 추출된 표면적(m^2)은 단위면적(m^2)당 일위대가와 곱하여 공사금액을 산출할 수 있다. 일위대가는 단위면적당 형틀공사에 필요한 도구(Equipment), 인부 수(Labor), 자재비(Materials) 등으로 구성된 금액이다. 모델객체가 있을 경우에는 필요 정보값을 추출하고, 철근과 같이 모델링이 어려운 객체는 모델링을 생략한다. 단위부피당 비율(Consumption)을 정하여 계산하였다.

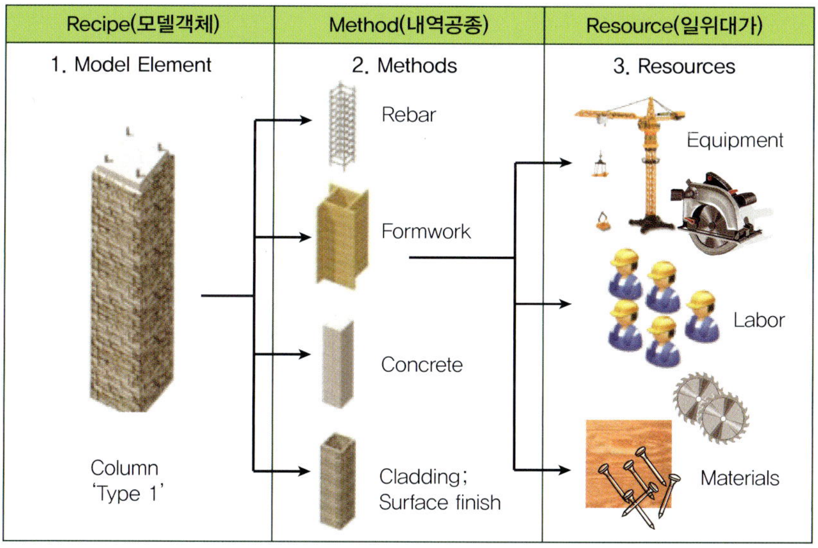

[그림 3-35] Vico Software 5D BIM 개념도(www.vicosoftware.com)

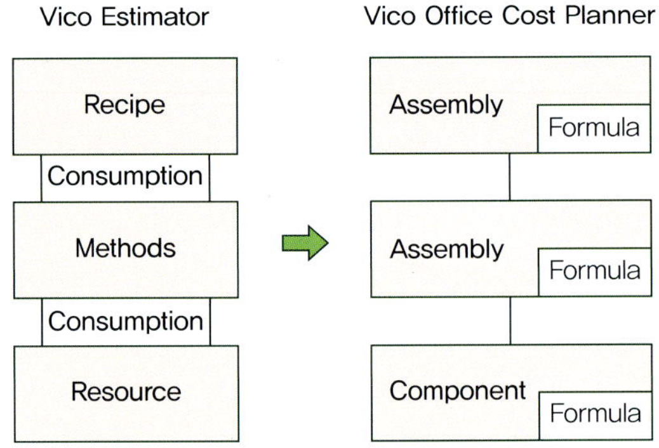

[그림 3-36] Vico Office BIM 개념도(www.vicosoftware.com)

참고로 최근 Vico Software에서는 Vico Office로 업그레이드를 하면서 Vico Estimator의 Recipe, Method 개념이 Vico Office Cost Planner의 Assembly와 Formula로 바뀌었다.

[그림 3-37]과 같이 인천 아트센터 프로젝트에서는 Recipe(모델객체)를 A 구조와 B 건축으로 나누었고, Methods(내역공종)는 건축공사의 C10 가설공사에서 C90 수장공사까지 고려전산분류체계로 하였다. Resource(일위대가)는 노무비, 재료비, 협력업체, 기계경비, 기타로 구성하였다. 이 프로젝트에서 기계, 전기설비 공종은 견적범위에서 제외하였다.

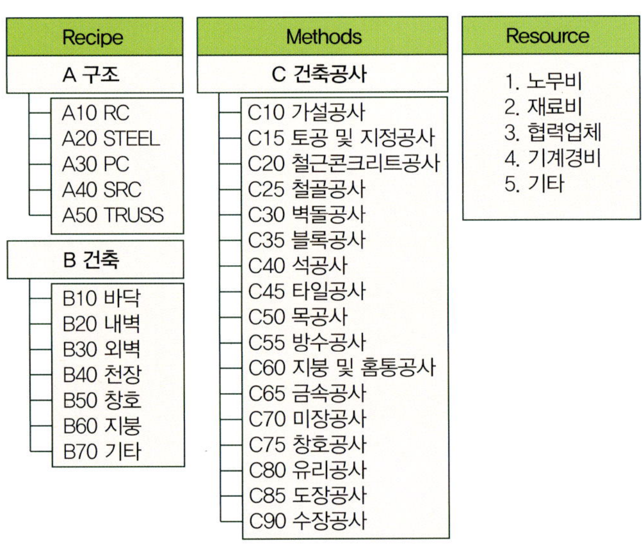

[그림 3-37] Recipe-Methods-Resource 분류체계 예

③ 4D BIM 수행

4D BIM 적용은 먼저 현장 바 차트 공정계획을 참조하여 초기 4D 계획을 수립하였다. 4D 시뮬레이션과 LOB(Line Of Balance, 이하 LOB) 기법을 활용하여 공정간섭 체크, 공정순서 확인하는 순서로 검토 업무를 수행하였다. LOB에 의한 공정간섭 체크의 경우 동일 공간을 점유하는 작업에 대한 체크와 작업자 투입 시 자원조정(Resource leveling)에 활용할 수 있었다.

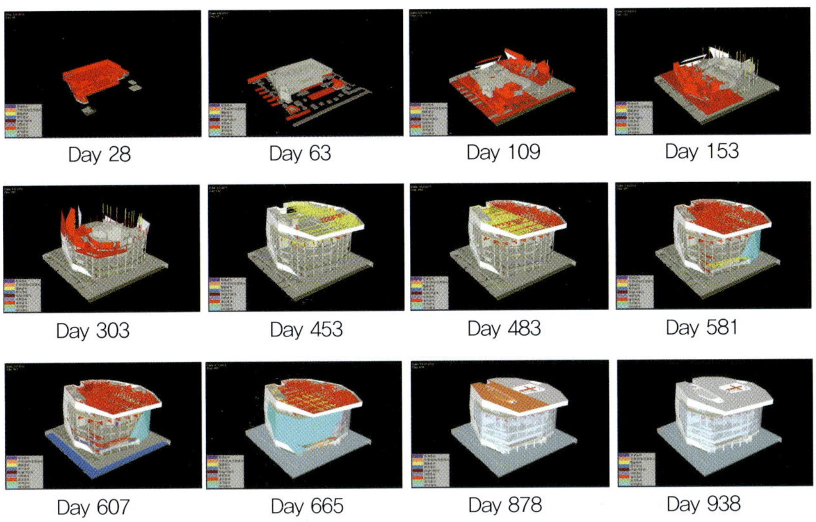

[그림 3-38] 4D 시뮬레이션을 통한 공정 체크

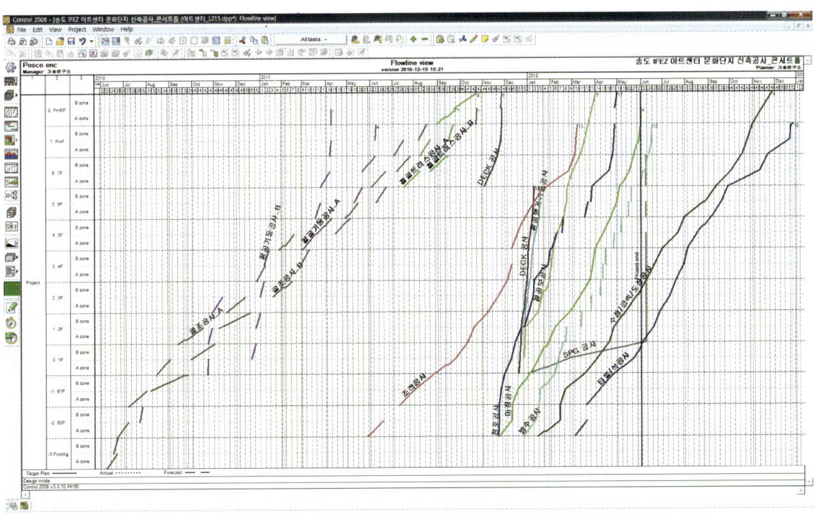

[그림 3-39] LOB를 통한 작업간섭 체크의 예

3) 효과

인천 아트센터 문화단지 프로젝트는 수량과 공정이 연계된 EVMS(Earned Value Management System)를 적용하여 공정계획 수립 시 수량을 활용한 공정검토에 효과가 있었다. 또한 바차트(Gantt Chart), BOQ(Bill Of Quantities)와 LOB 연계공정표 등 다양한 공정데이터를 동시에 확인할 수 있다. 4D BIM 적용결과는 비정형 건축물의 경우 시공자의 공정표에 대한 이해도 향상과 감리, 발주자 등에게 공정계획을 설명하는 데 유용한 것으로 나타났다. 또한 콘크리트와 같은 주요 자재의 시간에 따른 소요량을 예측할 수 있었다. 시공 시에는 비정형 부분 수량산출기간 단축으로 자재 발주기간이 단축되었다.

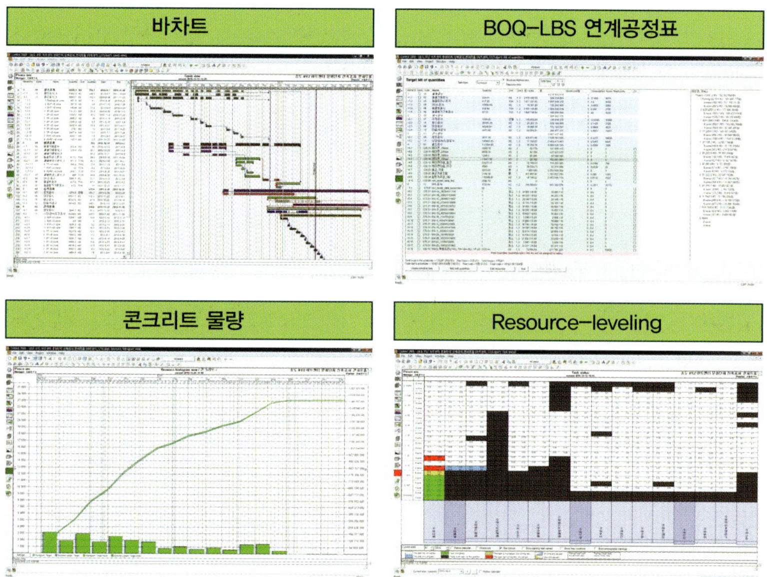

[그림 3-40] BIM 기반의 공정데이터 예

[표 3-16] 인천 아트센터 4D 및 5D BIM 효과 요약

구분		내용
정성적 효과		프로젝트 참여자 간 커뮤니케이션 향상, 수량산출 정확도 향상
정량적 효과	공기지연 방지	공정간섭으로 인한 공기지연 방지
	원가상승 방지	공기지연으로 인한 원가상승 방지
	공기단축	비정형 부분 자재조달기간 단축
	원가절감	-

2. 경기도 남양주시 별내 더샵 공동주택 프로젝트

1) 개요

경기도 남양주시 별내 더샵 공동주택과 같은 정형적 건축물에서는 4D 및 5D 수행은 공동주택 표준내역 및 공정체계를 적용하기 때문에, BIM 데이터의 재활용성이 높다는 측면에서 접근하였다. 적용범위는 토목, 구조, 건축, 기계, 전기 공종 중에서 구조 및 건축 주요공정만 대상으로 하였으며, 사용 소프트웨어는 아트센터와 같이 Vico Software를 이용하였다.

2) BIM 수행

① 5D LOD 기준 수립

사례 프로젝트는 BIM 기반 수량산출의 정확도를 알기 위해 기존 방식으로 된 수량산출서와 비교 분석하는 것을 목적으로 하였다. 기존 방법에서도 담당자에 따라 수량이 정확히 일치할 수 없는 점을 고려하더라도 기존 방식과 BIM 방식에 따라 산출된 결과를 비교하면 다소 상이함을 발견할 수 있었다. 상이한 원인으로 적용된 설계도서, 견적기준, 항목, BIM 모델의 LOD 불일치 등으로 구분할 수 있다. 그 중에서 BIM 모델의 LOD 불일치를 해결하고자 모델링 기준을 남양주 별내 공동주택 프로젝트부터 해외 BIM 지침에서 정의한 LOD를 참고하여 5D를 위한 모델링 수준으로 설정하였다.

AIA Doc. E202™ –2008	 100	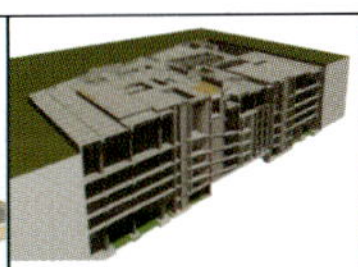 200	 300	 400	 500
Description	Essentially the equivalent of conceptual design, the model would consist of overall building massing and the down–stream users are authorized to per–form whole building types of analysis (volume, building orientation, cost per square foot, etc.).	Similar to schematic design or design development, the model would con–sist of "generalized systems or assemblies with approximate quan–tities, size, shape, location and orien–tation." Authorized uses would include "analysis of selected systems by appli–cation of generalized performance criteria."	Model elements are suitable for the generation of tradi–tional construction documents and shop drawings. As such, analysis and simulation is authorized for de–tailed elements and systems.	This level of development is considered to be suitable for fabri–cation and assembly. The MEA for this LOD is most likely to be the trade contractor or fabri–cator as it is usually outside the scope of the architect's or engineer's services or would constitute severe risk exposure if such parties are not adequately insured.	The final level of development represents the project as it has been constructed – the as–built conditions. The model is suitable for maintenance and operations of the facility.

[그림 3-41] AIA LOD 정의

미국의 AIA에서 정의한 LOD(LOD; Level of Detail)는

· LOD 100 – Conceptual design(개념설계)
· LOD 200 – Schematic design or design development(기본설계)
· LOD 300 – Traditional construction documents and SHOP Drawing (실시설계)
· LOD 400 – For fabrication and assembly(시공상세도)
· LOD 500 – For as-built conditions(유지관리용 도면)

로 되어 있으며, 이 중 사례 프로젝트의 4D/5D BIM은 실시 설계도면의 LOD인 LOD 300 수준으로 적용하였다.

② 4D BIM 수행

현장 간트 차트 공정표를 5D BIM에서 나온 위치별 수량을 이용하여 공정 시뮬레이션을 하였다. 공동주택의 공정표가 최적화되어 있는 상태로서 LOB(Line Of Balance) 공정표상 간섭사항은 없었지만, 일위대가를 기준으로 한 인력자원 분석에는 자원평준화(Resource leveling)가 필요한 것으로 나타났다.

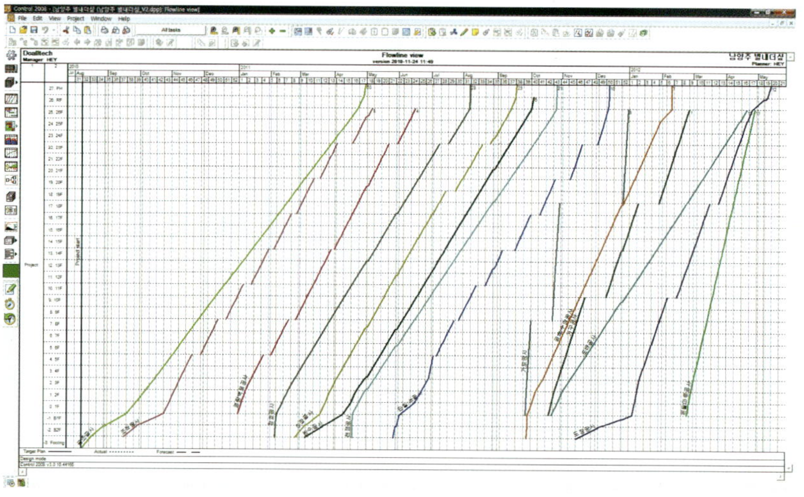

[그림 3-42] 공동주택 LOB 공정표

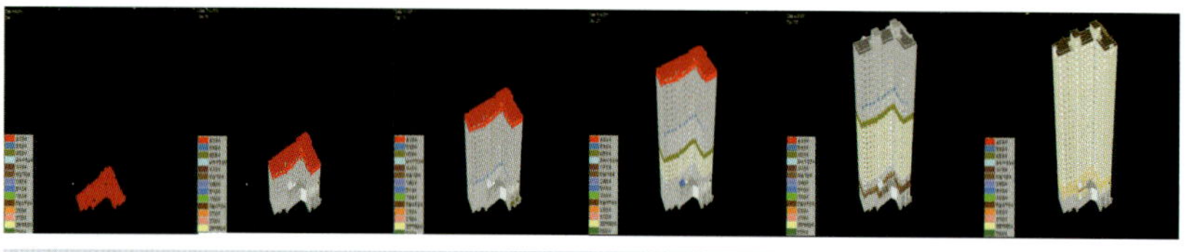

[그림 3-43] 공정 시뮬레이션

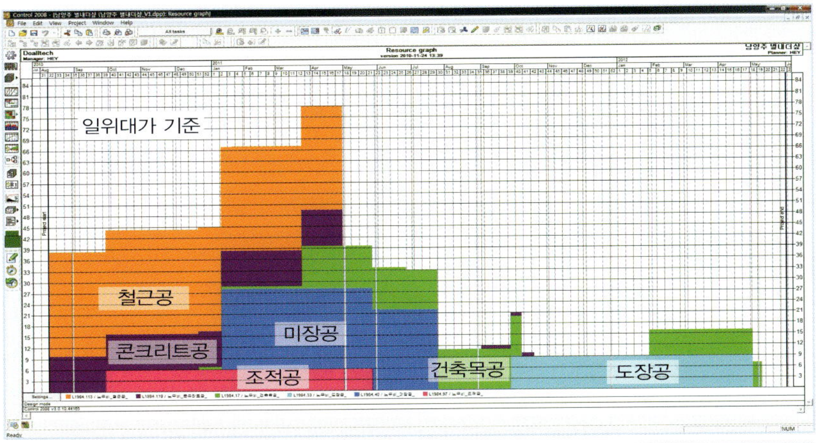

[그림 3-44] 공동주택 일위대가 기준 인력자원 분석

③ 5D 수량산출 비교

LOD 300 수준의 5D BIM을 공종별로 철근콘크리트공사, 조적공사, 타일공사, 방수공사 등에 적용하여 수량산출을 하였다. 기존 방식과 BIM 기반의 수량산출 비교 결과는 [표 3-17]과 같다.

[표 3-17] 기존 방식과 BIM 기반 수량산출 비교

공종	BIM[A]			기존방식[B]			[A/B]
	Specification	Unit	Quantity	Specification	Unit	Quantity	
철콘공사	레미콘	m^3	10,911	레미콘	m^3	1,148	105.3%
	레미콘타설(철근)	m^3	10,684	레미콘타설(철근)	m^3	11,306	105.8%
	레미콘타설(철근)	m^3	318	레미콘타설(무근)	m^3	181	56.9%
	합판거푸집(3회)	m^2	78,693	형틀가공조립	m^2	76,575	97.3%
조적공사	시멘트 벽돌 쌓기(0.5B)	천매	418	시멘트 벽돌 쌓기	천매	394	94.3%
	시멘트 벽돌 쌓기(1.0B)	천매	34	시멘트 벽돌 쌓기	천매	50	147.2%
	4" 블록쌓기 (100×190×390, 블록포함)	m^2	847	보강 블록 쌓기	매	832	98.2%
	8" 블록쌓기 (100×190×390, 블록포함)	m^2	425	보강 블록 쌓기	m^2	353	83.0%
타일공사	타일압착붙임 (바닥, 바탕 24mm +압 5mm)	m^2	1,869	바닥타일 붙이기(압착)	m^2	2,195	117.4%
	타일 떠붙임 (벽 15mm)	m^2	5,023	바닥타일 붙이기(압착)	m^2	3,914	77.9%
방수공사	시멘트 액체 방수 (1종)	m^2	6,839	M2	m^2	4,774	69.8%

④ 5D 모델링 범위 기준 수립

수량산출 비교결과를 바탕으로 LOD 300 이하, LOD 400 이상, 모델링을 할 수 없는 경우로 나누어 수량산출을 구분하는 내역항목표(표 3-18)를 작성하였다. LOD 400 이상을 적용해야 하는 내역항목을 정의하고, 항목에 따른 모델의 경우 모델링이 없이 수량산출하는 방식의 혼용을 하는 방식을 채택하였다. LOD 문제로 BIM 모델링 어려운 경우 관련 부재의 속성값을 이용하여 물량산출을 하였는데, 기존 부재의 값에 할증 또는 별도 수식 적용을 통한 수량추출을 하였다. 예를 들어 철근은 (기둥 부피)×(철근 비율)로 하고, 액체 방수는 (벽 면적)×(액방 면적의 비율) 등으로 산출하였다.

[표 3-18] 건축 공종의 LOD 기준 예

공종	내역항목	LOD 300 이하	LOD 400 이상	BIM 적용불가	비고
철근 콘크리트공사	레미콘	○			
	거푸집	○			
	철근		○		
	폼타이 구멍 메움/커플러		○		
철골공사	RH 형강류	○			
	내화 페인트류(유기/유성)			○	
	볼트류		○		
조적공사	강판류/뿜칠류			○	
	벽돌쌓기	○			
	인방 및 블록사춤		○		

3) 효과

이 프로젝트에서 4D BIM은 LOD 300 수준으로 한 결과, 공동주택은 반복적 공정으로 단위, 층 또는 세대에 대한 속성 변화를 통해 시각적 시뮬레이션이 가능하다는 장점이 도출되었으나, LOD 300 수준이 너무 복잡하다는 의견이 있었다. 시각적 시뮬레이션 측면에서는 기존 바차트 공정 표현방식이 단위작업을 표현하는 데 최적화되어 있어 기존방식을 대체하지 못할 것으로 판단된다.

5D BIM으로 수량산출을 할 경우 정확한 것은 사실이지만 국내기준의 내역항목을 BIM으로 수량산출 하기는 어렵다. BIM으로 수량산출을 할 수 있는 부분과 할 수 없는 부분을 구분하는 것이 효율적인 방법이라고 본다. 정형건축물인

[표 3-19] 남양주시 별내 더샵 공동주택 4D 및 5D BIM 효과 요약

구분		내용
정성적 효과		공동주택 4D/5D 현장 활용성 검토, 5D 수량산출 정확도 분석
정량적 효과	공기지연방지	-
	원가상승방지	-
	공기단축	-
	원가절감	-

공동주택은 현재의 BIM 소프트웨어나 방식으로 4D 및 5D 효과는 별로 크지 않다고 할 수 있다. 따라서 기존 방식보다 공정 및 견적기간을 단축할 수 있는 새로운 방식이 개발된다면 효과가 있을 것으로 예상된다. 이 프로젝트에서 얻은 BIM의 성과는 공동주택 4D 및 5D BIM의 현장 활용성과 5D 수량산출 정확도의 분석이라고 할 수 있다.

3. OO청사 1-2구역 프로젝트

이 프로젝트에서는 공공발주 내역서를 기준으로 4D, 5D BIM 정보체계를 수립하는 데 초점이 맞추어졌다. 실무에서의 BIM 확대를 위하여 3D, 4D, 5D를 연계하여 프로세스를 구축하고 적용성 확인을 위해 시작하였다.

1) 4D 및 5D 업무 프로세스 설정

행정중심복합도시의 OO청사 1-2구역의 4D 및 5D의 적용 프로세스는 Vico Office로[23] 작업을 수행하였다. 4D/5D 작업은 내역서를 검토하여 수량산출을 고려한 3D 모델의 Layer/ID 정보를 수정하였다. 예를 들어, 구조체의 콘크리트강도가 다를 경우 일반적인 3D 모델링 시 레이어(Layer)를 "Column"으로 표현하지

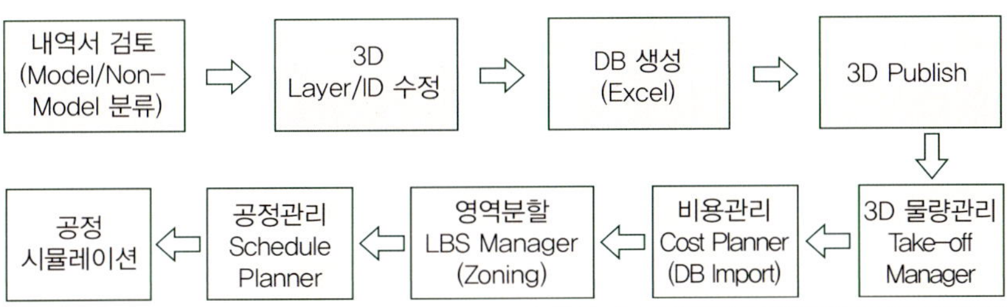

[그림 3-45] 3D-4D-5D 연계 프로세스

23 Vico Office는 과거 Vico Software가 ArchiCAD 기반으로 만 운영 가능했ejs 한계를 벗어나, Revit, Tekla, CAD duct 등 다양한 BIM 소프트웨어와 호환되어 4D 및 5D 운영이 가능하다는 장점을 가지고 있다. 또한 자체 BIM viewer를 통해 각 BIM 소프트웨어에서 생성된 BIM 모델을 import하여, 공구설정 및 부재의 분할(split)과 결합(Combine)이 가능하여, 설계 BIM 모델에서 시공 BIM 모델로의 전환(예, 10층 규모의 건물에서 설계 BIM 모델 생성 시 기둥을 10개 층에 걸쳐 하나의 부재로 모델링하더라도, 분할 기능을 이용해 층별로 간단하게 구분할 수 있음)이 일부 가능하다는 장점도 있다.

만, 수량산출을 할 경우 "Column(f_{ck}=21MPa)/Column(f_{ck} =24MPa)"으로 세분화하여 표현해야 한다. 모델 객체별 산출해야 할 내역항목을 엑셀(Excel)로 정리하여 수량산출을 위한 데이터베이스로 활용하였다. 그 다음으로 수량산출을 위해 3D 모델을 Vico Office 소프트웨어로 내보내기(Publish) 하였다.

그리고 BIM 모델로부터 수량이 산출되는 항목과 BIM에서 산출되지 않는 항목을 구분하여 내역항목에 따라 물량관리를 하였다. 또한 이런 물량을 바탕으로 비용을 산정하고 WBS-CBS를 연계하여 액티비티를 생성하고 BIM 모델링을 공정과 연계하기 위하여 필요한 부분을 분할(Zoning)하였다. 공정관리 시에는 계획대비 실적 공정계획정보를 입력하여 공정 시뮬레이션 및 진도관리 작업을 수행하였다.

2) 5D BIM 수량산출 범위 설정

남양주시 별내 더샵 공동주택 프로젝트에서 LOD 300 이하와 LOD 400 이상, BIM 적용불가 부분을 ㅇㅇ청사 1-2구역 프로젝트에서는 내역항목의 분류를 3D-model-data와 Non-model-data로 변경하였다.

LOD 300 수준의 실시설계도면을 기준으로 모델링하기 때문에 LOD 400 이상의 모델링은 추출할 수 없는 것으로 판단하여 Non-model-data로 분류하고 기존 수작업 방식으로 수량을 산출하였다.

내역서 항목 중 3D-model-data와 Non-model-data를 구분하면 [표 3-20]과 같다.

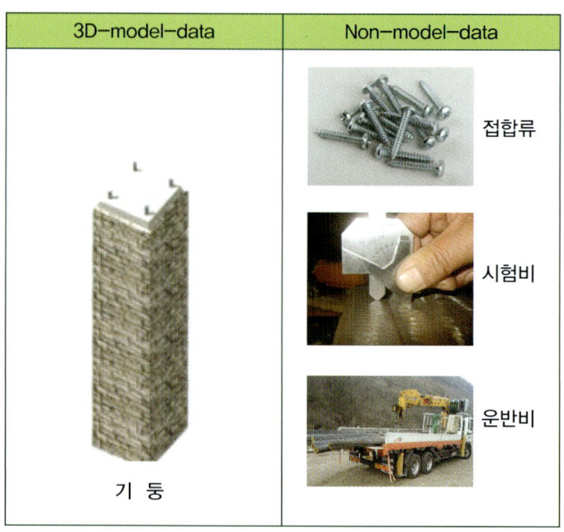

[그림 3-46] 3D-model-data와 Non-model-data 비교

[표 3-20] 3D-model-data와 Non-model-data 구분 예

공종	품명	3D Model Data	Non-model Data
가설공사	타워크레인, 가설울타리	○	
	기타 가설공사		○
토 및 지정공사	토 및 지정공사 전체 품목	○	
철근 콘크리트공사	레미콘	○	
	거푸집	○	
	노출 콘크리트 면 마무리	○	
	철근		○
	폼타이 구멍 메움/커플러		○
철골공사	RH 형강류	○	
	BH 형강류	○	
	강관류	○	
	내화페인트류(유기/유성)	○	
	볼트류/콘크리트 스토퍼	○	
	강판류/ 뿜칠류	○	
조적공사	벽돌, 벽돌쌓기류	○	
	블록, 블록쌓기류	○	
	인방 및 블록사춤	○	
석공사	화강석, 화강석붙임류 등	○	
	화강석 걸레받이류	○	
	화강석 소 · 대변기 턱	○	
	화강석 샤워기 턱, 화장실 몰딩, 마루귀틀 설치	○	
타일공사	자기질 타일류	○	
	폴리싱 타일류 등	○	

① 5D BIM

3D-model-data의 경우에는 모델객체의 수량정보인 개수, 높이, 체적, 면적 중에서 원하는 값을 산출식에 적용하여 내역수량을 산출하였다. 그리고 산출된 내역수량에 품셈을 곱하여 금액을 산출하였고, 각각의 금액을 집계하여 직접 공사비를 구하였다. Non-model-data는 수작업으로 수량을 산출하고, 산출된 수량에 품셈을 적용하는 방식을 취하였다. 이 금액을 집계하여 직접 공사비를 산출하였다.

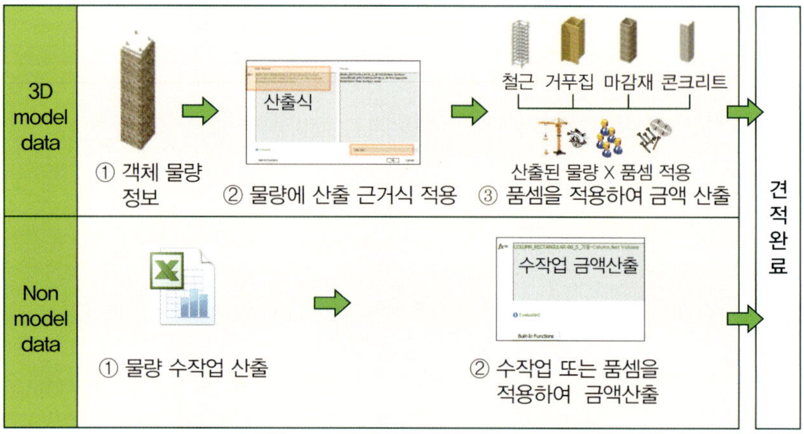

[그림 3-47] 3D-model-data와 Non-model-data 견적 프로세스

BIM model의 LOD 기준에 따라 미산출 항목으로는 가설류, 철근류, 철골접합부 및 부속자재류, 코킹류, 비드류, 몰딩류 등이 포함되었다. 이러한 항목 대부분은 BIM 기반 수량산출이 불가한 항목이 아니라 모델링을 위한 시간과 노력이 필요하다. 상대적으로 전체 모델(Model)의 용량이 커지므로 BIM에 대한 효율성을 저하시킬 수 있어 BIM model에 포함하지 않았다. 비록 모든 내역항목을 BIM 기반으로 산출하지는 못하였지만, 3D-model-data와 Non-model-data를 구분하여 건축공사 내역항목 중 전체의 약 90%를 BIM 기반으로 산출하고, 나머지는 Non-model-data로 수량산출 하였다.

BIM 기반의 수량산출 및 견적을 수행하여 본 결과 기존의 방식보다 공제수량까지 정확히 수량산출이 가능하였다. 기존의 수작업으로 수량산출을 진행할 경우 잦은 설계변경에 대응하기가 어렵고 재견적시 비용이 많이 든다. 하지만 BIM 기반으로 견적관리를 할 경우 내역에 대한 DB가 구성되어 있기 때문에 잦은 설계변경에 대응하여 효율적인 견적을 할 수가 있다.

② 4D BIM

■ 공정기준

공정관리에서 EVMS를 구현하기 위해서 WBS와 CBS를 연계하여야 했다. 이를 위해서 공정 액티비티에 포함되는 내역수량의 정보가 필요했다. CBS 코드를 중심으로 Vico Office에서 WBS-CBS 연계 작업을 진행하였다. 3D-model-data의 내역기준으로 공정과 연계하고, Non-model-data는 액티비티와 연계하지 않았다.

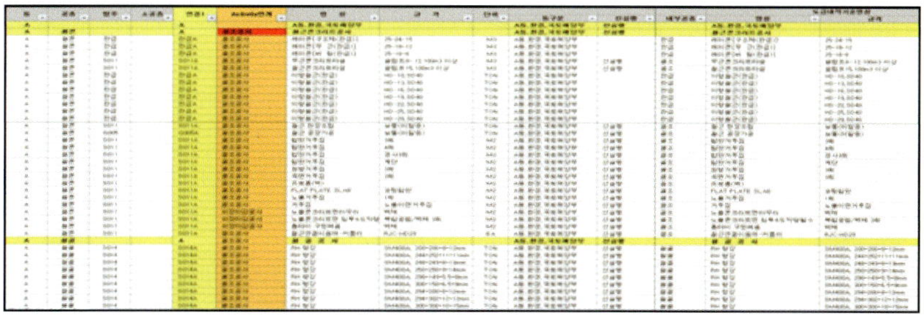

[그림 3-48] WBS-CBS 연계 데이터

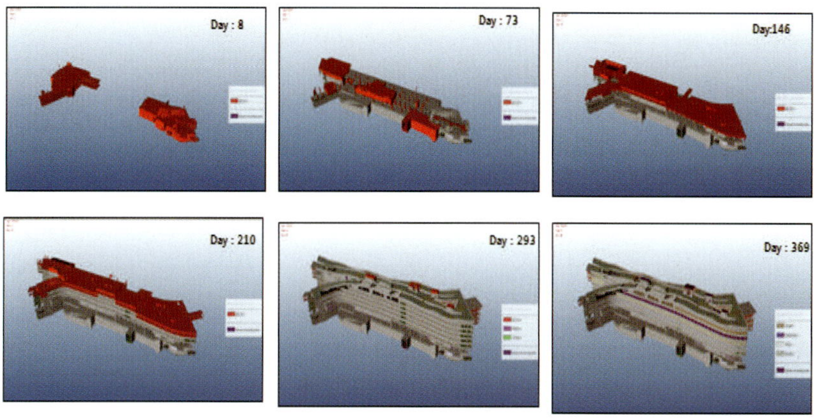

[그림 3-49] WBS-CBS 연계 4D 공정 시뮬레이션

이를 바탕으로 날짜별로 공사 진행상황을 알 수 있는 4D 시뮬레이션을 완성하였다. 또한 모델링과 연계하여 BIM 기반의 공정을 간트, LOB 등 다양한 형태로 추출할 수 있다. 이를 통해 리스크를 예측하고 사전에 관리하여 효율성을 향상시키는 효과를 가져왔다. 시각적 공정관리는 공정에 대한 비전문가도 쉽게 진척도를 알 수 있어 프로젝트 참여자 간 의사소통에 많은 도움이 되었다.

3) BIM 효과

정성적 효과로 4D BIM은 공정간섭이 예상되는 부분을 시각적으로 시뮬레이션하여 커뮤니케이션에 효과가 있으며, 5D는 비정형 부분까지도 수량산출 정확도를 향상시킨다. 정량적 효과로 보면 5D는 설계변경에 따른 수량산출 및 조달기간단축이 예상된다. 또한 정확한 수량산출로 자재 재발주를 방지한다.

[표 3-21] OO청사 1-2구역 4D 및 5D BIM 효과 요약

구분		내용
정성적 효과		프로젝트 참여자 간 커뮤니케이션 향상, 비정형 부분 등 수량산출 정확도 향상
정량적 효과	공기지연 방지	-
	원가상승 방지	자재 재발주 방지
	공기단축	자재조달 및 수량산출기간 단축
	원가절감	-

4) 4D 및 5D 적용 시사점

① 5D BIM

향후 BIM 기반 견적 시, 현재의 견적기준에 의한 수량산출과 BIM 기반으로 추출되는 수량산출의 차이를 분석하여 견적 BIM이 실무에서 쓰이기 위한 방안에 대하여 알아본다.

■ 5D BIM 수량산출 기준 도면의 차이

BIM 기반 수량산출과 기존 방식 수량산출서의 기준이 되는 설계도면의 완성도에 따라 차이가 발생한다. 즉, CD 75% 도면에서 도면 오류 및 공종간섭을 찾기 위해 BIM을 적용하였다면 CD 100% 도면을 기준으로 하는 수량산출서와 차이가 있다. 그러므로 BIM 적용 시에 도면을 검토하는 것이 목적인지, 견적이 목적인지에 따라 기준이 되는 설계도면을 정하여야 한다.

■ 5D BIM과 기존 수량산출 기준의 차이

기존 수량산출 방식 견적기준은 건설사마다 다르며, 할증이 차이가 난다. 또한 공제기준이 다른데, 예를 들어 일반적인 견적기준에 의하면 벽체에서 $1m^2$ 미만의 개구부는 공제하지 않지만, BIM에서 추출되는 수량은 개구부를 자동으로 공제하여 산출한다. 물론 $1m^2$ 미만이라도 개구부가 공제되는 것은 정미수량이지만 현재의 견적기준에는 맞지 않아 차이가 발생한다. 또한 기존의 견적기준에 의하면 수량산출 결과 값의 소수점 자리수, 끝수 4사5입하는 것이나 재료할증률도 BIM으로 수량산출을 하기 위해서는 변경되어야 한다. 기존의 견적기준에서 공제를 하지 않는 수량에는 할증이라는 개념이 포함되어 있어, BIM 기반의 정미수량으로 기준 변경 시에는 할증률이 변경되어야 한다. 재료할증률도 재료의 제작, 설치오차에서 발생하는 손실분을 포함하기 때문에 실무에서 BIM으로 수량산출하고 실제 투입수량을 비교, 검토할 필요가 있다. BIM으로 계산된 수량산출값을 실무에서 쓰기 위해서는

1) 수량산출값의 공제기준
2) 소수점 자리수 인정기준
3) 재료 할증률과 같은 기준
을 재정립하여야 한다.

■ 5D BIM 모델링 범위 기준 미비

견적 BIM은 수량산출의 정확성과 설계변경 시 기간단축의 효과가 있지만, 내역서에 있는 모든 항목을 BIM으로 모델링하고 그 모델링으로 수량산출을 하는 것은 기존 견적방식보다 더 많은 비용과 시간이 소요된다는 모순이 있다. 따라서 BIM 기반의 견적 생산성을 높이기 위해서는 BIM에서 산출하는 내역항목과 아닌 항목기준을 수립해야 한다. 또는 내역체계를 간소화하기 위해 해외의 BOQ(Bill Of Quantities) 체계나 단순한 일위대가로 내역기준의 변화시킬 필요가 있다. 내역기준과 연계한 라이브러리(Library) 개발로 생산성을 높이는 것도 하나의 방법이다.

■ 5D BIM의 신뢰수준 미비

기존의 수량산출 방식은 산출식이 있기 때문에 필요하면 검증이 가능했지만, BIM 기반 수량산출은 객체(Object) 속성정보를 기준으로 컴퓨터에서 자동으로 산출하기 때문에 별도의 산출식이 없다. 또한 BIM의 객체(Object)는 정확하지만, 모델링하는 사람이 부정확할 수 있다는 점이 신뢰성을 높이지 못하는 요인이다. 이를 해결하기 위해서 BIM 산출식이 없는 문제는 BIM 소프트웨어를 보완하는 방법을 사용하거나, 산출식이 없어도 신뢰하는 사회적 인식전환 및 국가기관의 정책이 필요하다.

② 4D BIM

OO청사 1-2구역 프로젝트에서 4D(공정) BIM은 초기 현장에서 작성된 전체 공정표를 기반으로 착공부터 준공까지 공사의 진행사항을 EVMS 기반 공정 시뮬레이션으로 만들었다. 4D 공정 시뮬레이션을 현장에 적용하는데는 다음과 같은 어려움이 있었다.

■ 4D BIM과 기존 방식의 적용시점 차이

4D 시뮬레이션을 하기 위해서는 최소한 모델링 및 공정표가 필요하며, EVMS까지 적용하기 위해서는 견적이 완료되어야 한다. 일반적으로 CD100% 도면과 전체공정표가 완료되는 시점은 대략 토목공사 이후이다. 이 경우 현장에서 전체공정에 BIM을 활용하기에는 시점이 늦기 때문에, 기존의 공정표를 가지고 관리하는 것이 보다 더 효율적이라고 할 수 있다. 현재로는 공정 전체를 BIM으로 관리하는 것이 아니라 복잡한 부분의 공정 시뮬레이션을 선택적으로 사용하면 현장 활용도를 더 높일 수 있을 것으로 판단된다.

■ 4D BIM 인프라 미비

기존의 공정표는 현장직원 대부분이 엑셀을 이용해서라도 쉽게 작성이 가능하지만, 4D BIM 소프트웨어를 현장에서 능숙하게 할 수 있는 사람은 많지 않은 편이다. 또한 현장에서는 4D 소프트웨어 및 하드웨어도 미비한 실정이므로 현장에서의 공정관리 효율성을 높일 수 있는 새로운 소프트웨어 발굴/개발 및 인력자원 개발이 필요하다.

■ 4D BIM 표현방식의 한계

공정표상의 복잡한 액티비티를 색상만으로 구분하여 나타내는 것은 실제 공정 순서를 파악하는 데 표현상 한계가 있어 시각적 공정의 장점을 살리지 못한다. 구조 공정진행까지는 시각적으로 알 수 있었지만, 건축마감 단계에서는 동일한 위치에 색상만으로 내부 벽체공사, 도장공사 등을 표현하여 어떤 색상이 어떤 공정인지 파악이 어려웠고, 시각적으로 보이지 않는 부분도 있어 공정진행을 파악하는 것이 쉽지 않다. 시각적으로 공정을 확인할 수 있다는 장점을 최대한 살려 적합한 4D BIM 활용 수준 및 범위, 시뮬레이션 방법을 찾는다면 보다 활용성이 높아질 것이다.

[그림 3-50] 4D BIM 공정 시뮬레이션

BIM의 ROI(Return On Investment) 6

1. ROI의 의미

지금까지 살펴본 BIM의 효과를 살펴보기로 한다. 정성적으로는 프로젝트 참여자 간 커뮤니케이션 향상이나 설계품질, 수량산출 정확도 향상 등을 들 수 있고, 정량적으로는 설계도면 오류나 공종간섭으로 인한 공기나 원가 지연을 방지하는 것을 들 수 있다.

BIM의 ROI(Return On Investment; 투자자본 수익률) 분석을 보면 대부분 도면 오류 및 공종간섭 체크 건수를 찾아 재시공 했다는 가정하에 비용을 계산하여 투자대비 이익을 계산하는 경우가 많다. 예를 들어 프로젝트에서 설계오류 및 공종간섭 체크로 재시공 방지로 절감비용을 12억 원, 여기에 투자된 BIM 용역비와 하드웨어, 소프트웨어 비용이 3억 원이라고 하면, ROI는 12억 원(이익)÷3억 원(투자비)=4, 즉 투자대비 4배의 성과를 얻는다.

물론 도면 오류나 공종간섭 체크를 함으로써 추가적인 공기나 원가투입을 방지하는 측면이 있지만, 현장에서 기존의 2D 도면으로도 현장 시공상세도(SHOP Drawing)를 그리면서 이를 해결하는 경우도 많아 이것을 BIM만의 ROI라고 하기는 어렵다.

또한 2D CAD를 쓴 경우와 BIM만을 쓴 경우로 나누어 진행한 경우는 없기 때문에 BIM의 ROI에 대한 의구심이 계속 생기는 추세이다. 건설사의 입장에서는 공기와 원가를 기본적으로 설계도면 오류나 공종간섭에 의한 공기지연과 원가상승을 가정하고 있지 않다. 설령 있다고 하더라도 BIM으로 인한 눈에 보이는

[표 3-22] BIM 투입금액 및 정량적 효과 예시

구분	내용	금액	비고
투자비	BIM 용역비	2억 원	계 3억 원
	BIM S/W, H/W	1억 원	
이익	재시공 절감액	12억 원	–
ROI	이익/투자비	400%	–

공기단축이나 원가절감 항목을 찾기는 어렵다. 'BIM 적용이익 = BIM 적용효과/BIM 투입비용 > 1'인 경우 BIM 적용과 같은 정량적 근거를 바탕으로 프로젝트에 BIM을 적용해야 한다고 하지만 BIM에서 투자한 비용인 용역비, 소프트웨어 및 하드웨어 구입비용, 교육비는 명확한 데 비해서 산출되는 이익은 불명확해 보인다.

국내에 적용한 BIM을 적용한 사례 중 도면 오류나 공종간섭 사항이 아닌 설계와 시공업무를 BIM으로 대체함으로써 발생한 ROI 사례를 중심으로 설명을 하고자 한다. 다음 절에서는 BIM의 효과중에서 BIM만으로 할 수 있는 사례로 에너지절감과 구조수량 절감을 중점적으로 살펴보기로 한다.

2. BIM의 ROI 사례

1) BIM 기반의 종합환경분석

BIM 기반의 종합환경분석 시스템을 활용하여 2006년부터 현재 다수의 공동주택 프로젝트에서 초기 설계검토 시 일조/조망/향/통풍/프라이버시 등을 검토하는 분석이다. 설계단계 중 일조, 조망 등 주거환경분석은 기본설계 단계인 Schematic design 및 Design development 단계에서 이루어진다.

[그림 3-51] 종합환경 에너지 시뮬레이션 시점

이것은 친환경 건축물에 대한 중요성이 증대됨에 따라, 계획단계에서 최적 배치 설계안을 만들어 낼 수 있는 BIM 소프트웨어로서 공동주택 세대의 상품성을 높이는 역할을 하고 있다.

BIM 기반의 종합환경분석 업무 프로세스는 공동주택 단지를 먼저 BIM으로 3D 모델링을 하고, BIM 모델로 일조/조망/프라이버시/통풍 등의 환경분석을 한다. 이후 분석결과를 자동으로 리포트하는 순서로 진행된다.

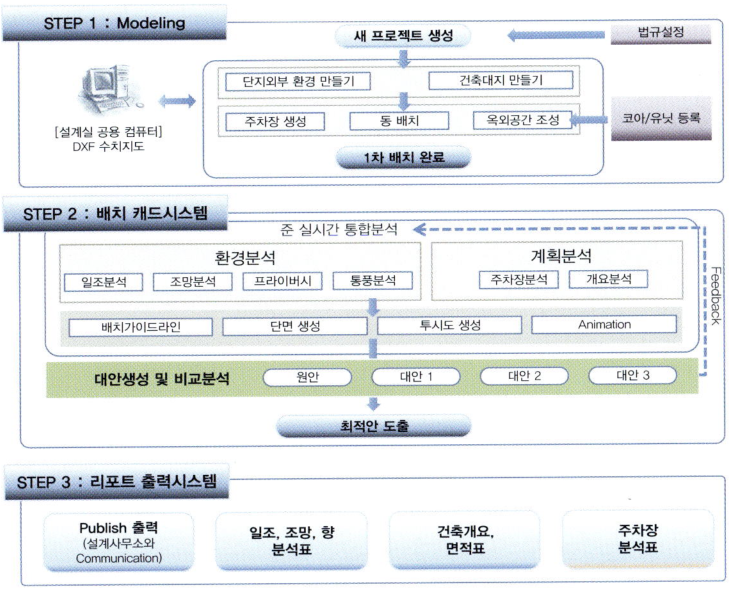

[그림 3-52] 일조/조망/통풍 프로세스

① 일조분석

단지 내외부의 세대별 일조시간과 바닥 일영도를 분석하는 것이다.

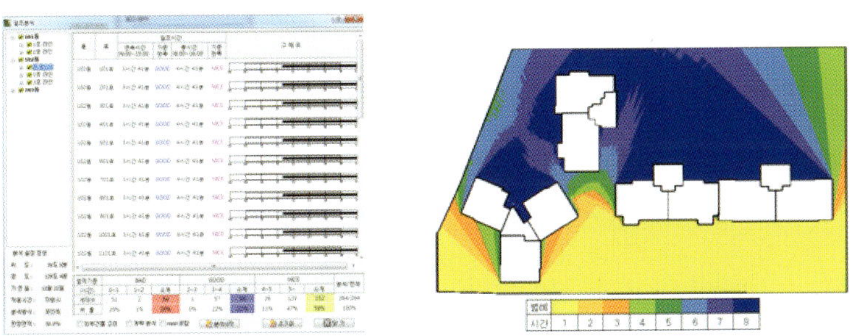

[그림 3-53] 일조분석

② 조망

세대 내부에서 바라보는 조망분석으로 각 세대의 천공률/대지율/방해율과 공원/강/산의 조망 비율을 계산하여 조망률을 계산한다.

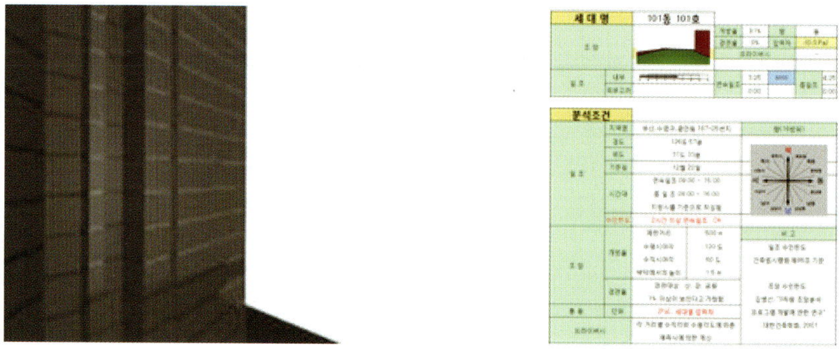

[그림 3-54] 조망분석

③ 통풍

단지 기류, 세대 내 자연 환기량 분석으로 인해 세대별 내·외부의 압력차와 단지 풍속과 기압을 분석한다.

■ ROI 분석

[표 3-23] 종합환경분석 BIM 효과

구분		내용
정성적 효과		친환경 설계품질 향상
정량적 효과	공기지연 방지	-
	원가상승 방지	환경성 민원 방지
	공기단축	-
	원가절감	친환경 설계생산성 향상
	이익 증대	에너지 절감형 주택으로 분양성 향상

건설사에서는 초기 설계단계에서 시뮬레이션으로 최적의 배치안을 찾는 것이 설계품질 향상의 효과가 있다. 주택상품의 경쟁력을 향상함으로써 일조 및 조망으로 인한 환경성 민원을 방지하고, 타상품 대비 친환경 주택으로 경쟁력을 가진다. 이것은 최근 동향에서 볼 수 있는데 조망과 향이 좋은 공동주택의 세대일수록 주택 가치가 높아지며, 에너지 효율이 높을수록 난방비 등 관리비가 적게 드는 경향이 있어 주택 상품성이 향상된다.

[표 3-24] 종합환경분석 ROI 계산표

구분	내용	산출값	비고
투자비	S/W개발 및 분석비용	1억 원	-
이익	상품판매 기여금액	2.5억 원	50만원×500세대×1년
ROI	이익/투자비	250%	-

정량적 효과면의 이익 증대를 ROI 측면에서 1년 동안의 투자비와 이익을 중심으로 살펴보면 [표 3-24]와 같다. 1년 동안 소프트웨어 개발비 및 인건비 등 투자비를 1억 원이라고 할 때, 종합환경 분석으로 인한 분양가 차별화가 될 금액을 1년간 연간 2.5억 원으로 산정한다. 이익을 투자비로 나누면 ROI는 250%가 됨을 알 수 있다. 여기에서는 건설사의 이익만을 산정하였고, 국가적 에너지 생산비용 절감 및 공동주택 입주자의 에너지 절감 비용은 제외하였다.

2) BIM 기반 철근 시공상세도(SHOP Drawing)

철근제작도에 BIM을 적용함으로써 원가절감을 한 사례를 소개한다. 기존에는 2D 기반으로 철근 시공상세도를 작성하였다면 BIM 기반의 철근 제작도(SHOP Drawing)를 작성하는 소프트웨어[24]가 개발됨에 따라 도면의 생산성이 향상되었다. 이 소프트웨어는 구조도면의 2D CAD 파일을 BIM의 3D 모델로 자동 전환하고, BIM 모델에서 필요부분을 2D 시공상세도(SHOP Drawing)로 추출한다. 기존의 수작업으로 철근 시공상세도를 작성하는 데 비하여 설계품질 향상, 수량산출 정확도 향상의 효과가 있다. 또한 설계변경 시 기존 방식보다 변경시간이 단축되고, 철근 재료의 손실률을 최소화하여 원가 절감이 가능하다.

24 마이더스 아이티에서 개발한 Midas M&D(BIM 기반 철근 제작도를 작성하는 소프트웨어)

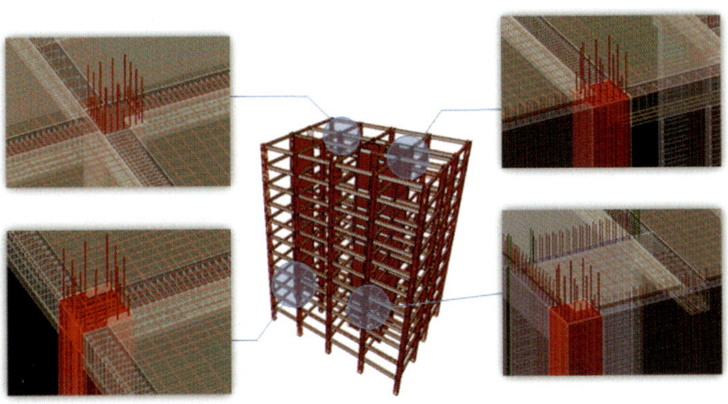

[그림 3-55] 철근 시공상세 모델링의 예(마이더스 아이티)

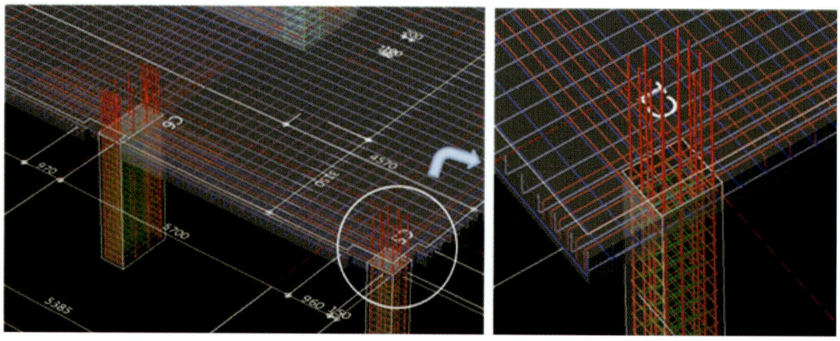

[그림 3-56] 3차원 배근현황 파악 및 시공성 검토의 예(마이더스 아이티)

■ ROI 분석

[표 3-25] BIM 기반의 철근상세도 BIM 효과

구분		내용
정성적 효과		철근 상세도 품질 향상, 수량산출 정확도 향상
정량적 효과	공기지연 방지	설계변경에 의한 공기지연 방지
	원가상승 방지	자재 재발주 방지
	공기단축	설계변경기간, 조달기간, 수량산출기간 단축
	원가절감	장대근 철근을 이용한 철근 손실 최소화

① 정성적 효과

BIM 모델을 통한 3차원 배근현황 파악 및 시공성 검토가 가능하고 시공 전에 배근 상태를 미리 확인하여 시공 오류 방지 및 도면의 이해도를 높일 수 있다. 이러한 시공성 검토를 바탕으로 철근 상세도(SHOP Drawing)의 품질이 높아진다. 또한 BIM 기반으로 수량산출의 정확도도 향상된다.

② 정량적 효과

공사기간 중 시공조인트(Construction joint)와 같은 부분에서 설계변경이 발생할 경우 기존 2D 제작도(SHOP Drawing) 방식보다 BIM 기반의 제작도(SHOP Drawing)가 설계 변경에 따른 추가작업 소요시간이 절감된다. 기존의 제작도(SHOP drawing) 방식은 일반적인 공동주택의 지하주차장 시공조인트 설계변경이 있을 경우, 작성완료 시까지 7일이 필요하다면, BIM 기반의 제작도(SHOP Drawing)는 1일 만에 작성이 가능해 공기지연이 방지된다. 또한 설계품질의 향상으로 자재오발주로 인한 재발주가 감소되고, 조달 및 수량산출기간이 단축된다.

정량적 효과인 원가절감을 철근 가공 손실률 최소화를 중심으로 ROI에 대하여 설명하자면, 일반적으로 철근은 정미수량 이외에 시공 및 가공 등의 손실을

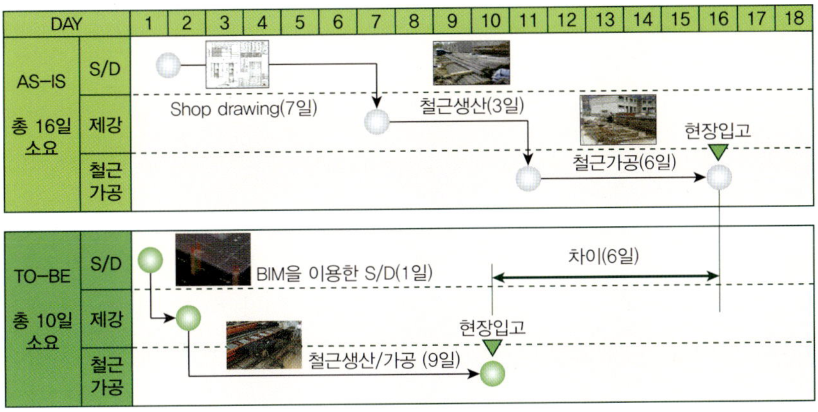

[그림 3-57] 철근 자재 조달시간 대비도

고려한 3% 할증 철근량이 있다. 기본적으로 제강공장에서 생산되는 철근의 길이는 8m이고, 현장의 요청에 따라 9~10m 이상의 철근을 주문할 수 있다. 예를 들어 8m 철근을 3m 철근으로 나누면 2m의 철근 가공손실이 발생하지만, 9m 철근은 철근 가공손실이 없다. 이와 같이 어떻게 철근을 주문하고 제작하느냐에 따라 자재손실이 달라진다. 기존에는 철근제작을 담당직원의 경험에 의해서 계산하였다면, BIM 기반의 철근상세도(SHOP Drawing) 소프트웨어를 활용할 경우, 길이별 장대 철근 활용 대안이 자동으로 산출이 가능하다. 철근 가공손실량을 최소화시킬 경우, 평균 3%의 철근 자재 가공 손실률을 1~2%로 절감할 수 있다.

1년 동안 ROI를 검토해 보면 연간 철근 자재비를 1,000억 원으로 가정할 때, 2% 절감 시 20억 원의 원가절감이 가능하다. 투자비를 연간 2억 원이라고 하고, 이것을 ROI로 계산하면 1,000%가 산출된다.

단, 이것은 설계, 가공단계의 구조최적화로 얻은 절감이익으로 시공중의 철근 손실 등은 고려하지 않은 결과이다.

[표 3-26] BIM 기반 철근 상세도 ROI 계산표

구분	내용	산출값	비고
투자비	연간 투자비용	2억 원	1년
이익	연간 원가절감 기여금액	20억 원	1,000×0.02×1년
ROI	이익/투자비	1000%	

4장에서는 지금까지 BIM 사례를 정리하고, BIM과 접목하여 건설현장의 융복합에 대하여 설명한다.
BIM을 미래의 건설기술의 인프라로 보는 가장 큰 이유는 자동화, 공업화 건설을 위한 기본 기술이라는 점이다.
입체로 된 디지털 정보는 건설산업을 인력중심 산업에서 자동화, 공업화 산업으로 바꿀 것이다. 이러한 것은 하나의 시대 흐름이며, BIM이 그것을 더 빠르게 진행시킬 것이다.

따라서 본 장은

1. 실무에서의 BIM
2. BIM 기술의 융합과 확장
3. BIM의 미래 방향

으로 구성되어 있으며, 실무에서의 BIM기술을 요약하여 설명하고 건설사가 보는 BIM의 미래 방향에 대한 내용을 기술하였다.

제4장

BIM을 넘어서

BIM을 넘어,
첨단 IT 기술의 융복합을 통한
건설혁신을 위하여...

1 실무에서의 BIM

포스코건설에서는 2007년 송도에 포스코이엔씨타워 설계단계에서 BIM을 도입한 것을 시작으로, 비정형 건축물인 트라이볼, 한성백제박물관, 송도 센트럴파크 II에서 3D BIM을 적용하였다. 그리고 인천 아트센터, 남양주 별내 공동

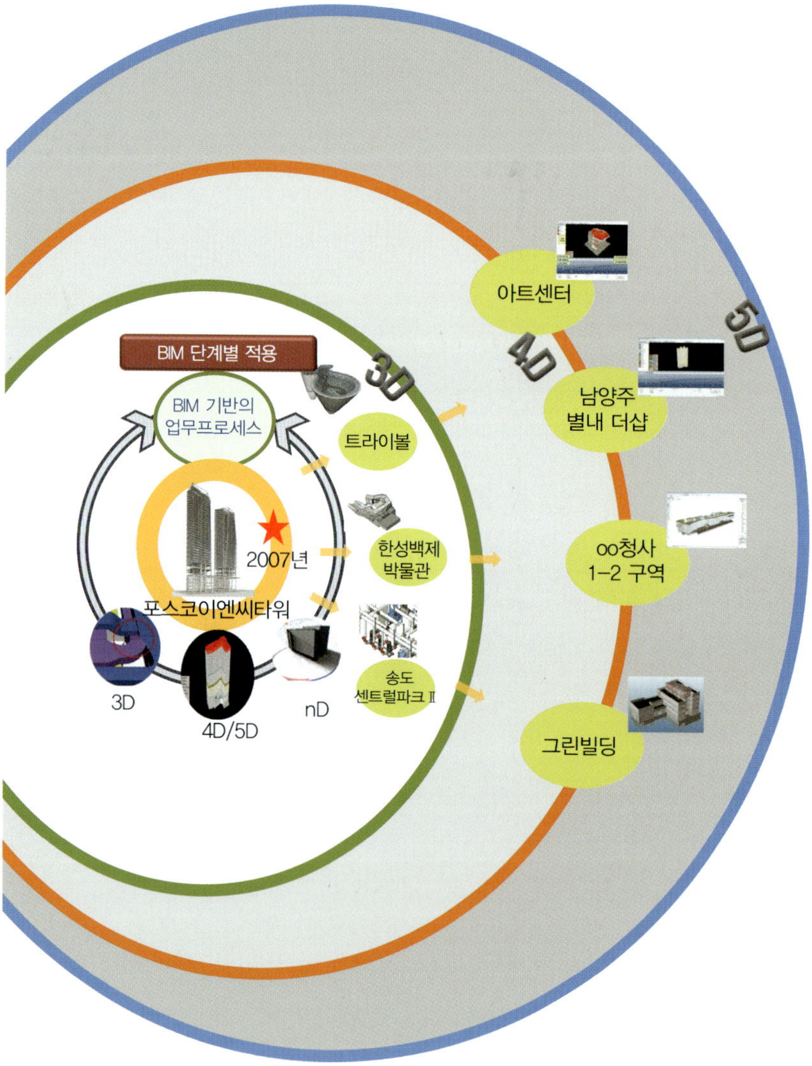

주택, OO청사 1-2구역, 그린빌딩에는 4D, 5D를 시범적용하였다. 이러한 시범 프로젝트는 3D를 이용한 디자인 검토, 도면 오류, 공정간섭 검토, SHOP DWG 이외에 4D, 5D의 실무적용을 통한 생산성 확보방안을 찾기 위해 시도한 것이었다. 건설사에서 BIM을 적용하면서 얻은 성과를 정리하면 [표 4-1]과 같다.

표에서 보듯이 BIM의 효과는 BIM 도입단계의 일부 프로젝트에서 얻은 것이고, 건물 유형별, BIM 적용방식이나 시기에 따라 그 효과가 다르기 때문에 BIM의 효과를 일반적으로 정의하는 것은 어렵다. 또한 아직까지 대부분 BIM 프로젝트에서는 2D 도면을 3D 모델링으로 전환하여 도면 오류 및 공종간섭 체크에 BIM을 이용하고 있다. 이러한 틀을 깨기 위해서는 BIM과 IT 기술과의 융복합이 필요하다. 이것은 BIM을 이용한 도면 오류 및 공종간섭이 그 효과 면에서 부족하다는 것이 아니라, 실무에서 BIM이 효과적으로 사용될 수 있도록 그 범위를 넓혀야 한다는 의미이다.

[표 4-1] 국내 BIM 프로젝트 효과 요약 예(포스코 건설)

구분		내용
정성적 효과		-프로젝트 참여자 간 커뮤니케이션 향상 -설계품질 향상, 디자인 대안 평가 -수량산출 정확도 향상 -설계 RFI 감소
정량적 효과	공기지연 방지	자재 재발주 및 재시공으로 인한 공기지연 방지
	원가상승 방지	자재 재발주 및 재시공으로 인한 원가상승 방지
	공기단축	설계, 조달, 수량산출기간 단축
	원가절감	가설수량 절감, 철근 수량 절감
	이익증대	에너지 절감형 주택으로 분양성 향상

2 BIM 기술의 융합과 확장

본 절에서는 BIM의 3D, 4D, 5D, 6D 기술의 ROI를 고려한 선택적 적용과 건설의 공업화와 관련된 BIM의 미래기술개발에 대해 설명한다.

지금까지 국내의 BIM 적용 도입에 초점이 맞추어져 있었기 때문에, 실무에서 BIM 적용을 확대, 발전시키기 위해서는 ROI를 고려한 BIM의 선택적 적용이 필요하다. BIM의 선택적 적용이란 BIM을 단순히 3D 모델로만 한정할 것이 아니라, IT 등 타 산업과 융복합하여 보다 실무적인 입장에서 생산적인 방식을 찾아내는 것이다. BIM은 결과예측의 수단으로 디지털 목업, 조망, 일조, 에너지 시뮬레이션에 활용될 수 있고, 업무효율 증대를 위해 Bar Code와 같은 물류시스템이나 로봇, 스마트 디바이스, 측량기기와 결합하여 사용될 수도 있다. 또한 BIM은 공장에서 제작되는 PC(Precast Concrete), 철골, 모듈러 주택의 제작, 조립 자동화에 이용할 수도 있다.

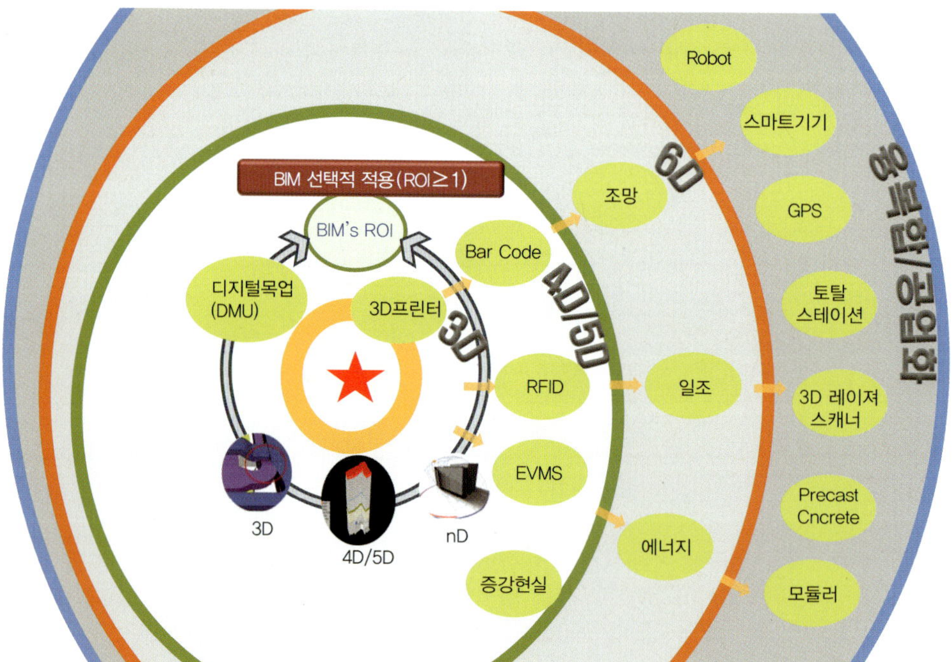

1. 디지털 목업(DMU)

디지털 목업은 현장 목업(Mock-up)을 하기 전에 현장 목업 시 반복적으로 체크되는 사항을 리스트화하여 점검을 자동화하는데 그 목적이 있다. 이것은 현장 목업 비용을 최소화하여, 시공품질 향상에 도움이 될 것으로 예상된다. 현장 목업에서 반복 체크사항의 몇 가지 예로 실물 목업에서 확인해야 하는 사항인 신발장 내부 깊이 확인이나, 현관 센서등 위치 적정성, 거실 아트월 마감재 줄눈과 부착물과의 적정설 여부 등이 있다. 이러한 BIM을 사전에 체크하는 방식은 펜트하우스처럼 세대수가 적거나 목업 비용을 최소화하는 데 유용할 것으로 보인다.

시각적인 디지털 목업뿐만 아니라 소음과 관련하여 BIM으로 효율적으로 시뮬레이션을 할 수도 있다. 세대 층간 소음이나 공사장 소음 시뮬레이션에 BIM이 활용된다면, 건설사는 소음 관련 민원을 줄일 수 있을 뿐만 아니라 소음저감을 위한 대책 마련에도 도움이 될 것이다.

[그림 4-1] 디지털 목업 체크리스트 예

2. 3D 프린터

3D 프린터는 합성수지와 같은 재료를 얇은 막처럼 적층하는 방식으로 모형을 만드는 프린터이다. 최근 전력거래소 본사 사옥 설계경기에서 3D 프린터를 이용하여 모형을 제출하는 것이 의무화된 적이 있는데, 손으로 건물모형을 제작하는 것보다 쉽고 빠르게 작업할 수 있다는 장점을 가진다. 국내에서 3D 프린터는 3D 모델을 이용한 모형제작기 정도로 인식되고 있지만, 미국에서는 제조업의 혁신으로 알려져 있다. 3D 프린터는 타임지가 선정한 2012년 최고의 발명품으로, 건설분야뿐만 아니라 광범위한 산업전반에 적용될 것으로 예상된다. 그 이유는 3D 데이터만 있으면 제품을 사람이나 기계가 조립하지 않고 제품재료를 적층식으로 쌓는 방식으로 어떠한 제품도 만들 수 있기 때문이다. 달리 표현하면 3D 스캐너와 3D 프린터만 있으면 어떤 제품을 그대로 보고 만들 수 있다. 현재로는 3D 프린터에 사용가능한 소재가 제한적이지만, 소재가 다양해지고 3D 프린터의 가격이 현실화된다면, 건설현장에서 3D 프린터로 자재를 생산할 날이 멀지 않을 것으로 본다. 3D 프린터로 생산된 자재는 조립이 아닌 일체화된 자재로 건물의 구조적 성능은 향상될 것이며, 비정형 부분의 제작오차는 줄어들 것이다. 3D 프린터가 활성화된다면 이제는 사람이 아닌 프린터로 건물을 짓는 시대도 가능할 것이다.

3. 시각적 공정관리

BIM을 활용한 시각적 공정관리는 3D 모델을 시간의 흐름에 따라 나타나고

[그림 4-2] 증강현실을 이용한 시각적 공정관리 예

사라지는 것을 보여주는 방식으로 인식되어 왔다. 그러나 실재 공정과 차이를 알 수 없게 되자 현장사진이나 동영상을 BIM 모델과 비교하여 보여주는 방식으로 발전되었다. 앞으로는 증강현실(Augmented reality)[25]을 이용한 시각적 공정관리기술이 이용될 것으로 보인다. 따라서 현장에서 QR코드를 스마트 디바이스에 인식시키면, 현재 날짜의 BIM 모델과 현장모습이 겹쳐보여 시각적으로 어느 정도 공정이 진행되었는지 직관적으로 파악할 수 있다.

이처럼 시각적 공정관리가 증강현실과 연계되어 발전된다면, 공사비와 관련한 BIM 기술은 물류관리시스템과 연계되어 발전할 것으로 보인다. BIM을 이용한 콘크리트, 철근 등의 주요 자재물량과 Bar Code, RFID 등을 활용한 자재 물류관리 시스템은 계획대비 입고물량을 파악할 목적으로 일부 현장에서 적용된 바 있다. 이러한 시스템을 스마트 디바이스와 연동시킬 때 실시간 주요자재의 관리가 가능해지며, 골조나 외장공사와 같이 자재가 공사비에서 차지하는 비중이 큰 공종에서는 EVMS(Earned Value Management System) 구현도 가능할 것으로 보인다.

[25] 증강현실이란 사용자가 눈으로 보는 현실세계에 가상물체를 겹쳐 보여주는 기술이다. 원격의료진단, 건축설계, 제조공정관리 등에 활용되며, 스마트폰의 보급과 함께 게임 및 모바일 솔루션 업계, 교육 분야 등에서 다양한 제품을 개발하고 있다.

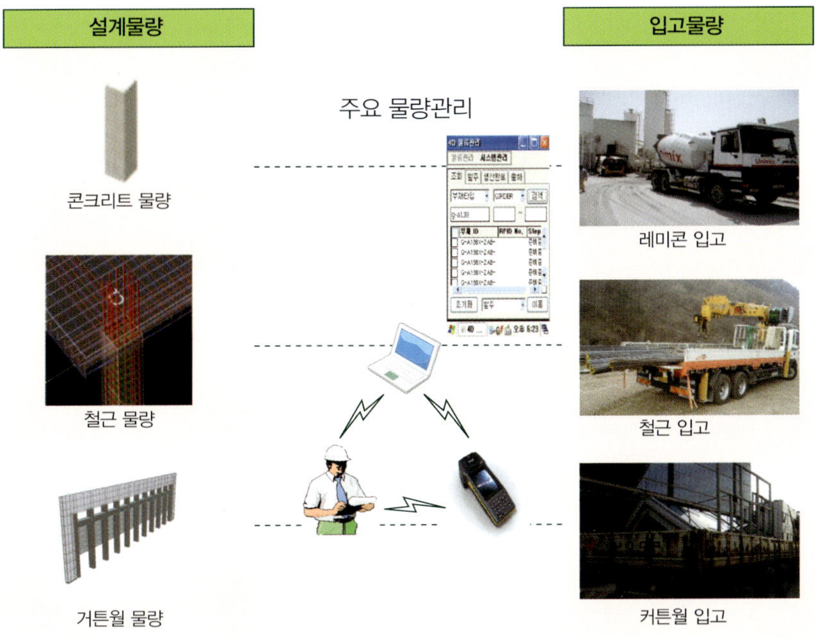

[그림 4-3] 4D, 5D 연계가 가능한 주요 자재 예

4. 에너지 시뮬레이션

BIM을 활용한 일조, 조망이나 에너지를 분석하는 소프트웨어 종류에는 BIM 모델의 재질, 위치/기후 정보 등을 이용하여 분석하는 Eco designer나 Ecotect Analysis와 같은 상용 소프트웨어, 국내 건설사에서 자체적으로 개발한 아키캐드, 레빗의 애드온 등이 있다. 이러한 시뮬레이션 소프트웨어는 설계초기단계에서 건축물의 일조, 조망 등을 분석하여 설계품질을 높이는 역할을 하는데, 세대별로 일조나 조망률을 계산하여 좋지 않은 동배치를 최소화시킨다. 또한 건물의 에너지 소모량을 시뮬레이션하여 에너지 사용량을 최소화하는 설계도 가능하다. 에너지 시뮬레이션 소프트웨어는 대부분 외국에서 제작된 것이지만, 국내 에너지 사용량 실적 데이터베이스를 연계할 경우 보다 정밀한 에너지 사용량의 예측이 가능하다. 그러나 공동주택은 어느 정도의 동적, 정적 에너지 사용량을 예측할 수 있는 데이터베이스가 구축되어 있어 그 구현이 가능하지만, 일반건축은 종류가 다양하여 이에 대한 예측 알고리즘이 거의 없는 상황이다. 앞으로 국내의 실정에 맞는 에너지 소모량과 금액을 예측할 수 있는 소프트웨어의 개발을 기대해 본다.

[그림 4-4] 6D BIM 적용 예

5. 스마트 디바이스

스마트 디바이스가 대중화되면서 시간과 공간의 제약 없이 도면이나 작업일보를 건설현장에서 바로 확인할 수 있는 현장 스마트워크 시스템이 요구되고 있다. 현재 현장관리는 대부분 손으로 필요사항을 노트에 적은 뒤 PC에 재입력하는 방식으로 이루어지고 있다. 그런데 스마트기기를 이용하여 회사 시스템에 바로 접속하여 입력한다면 이중의 관리작업이 최소화될 것이다.

포스코건설에서는 회사 시스템 중 안전관리, 기술자료검색, 현장사진관리 기능을 스마트앱으로 만들어 현장에서 활용하고 있다. 예를 들어 안전관리 앱(APP)은 기존에 현장에서 안전관리사항을 수기로 작성하던 것을, 스마트 디바이스로 회사 시스템에 바로 접속하여 입력할 수 있게 한 것이다. 기술자료검색 앱(APP)은 현장에서 필요한 기술자료를 스마트 디바이스로 검색할 수 있게 한 앱으로, 현장에서 필요한 기술자료를 바로 볼 수 있게 함으로써 업무의 효율성을 높였다. 현장사진관리 앱(APP)은 스마트 디바이스로 현장에서 촬영한 사진을 회사 시스템에 바로 업로드하는 것으로, 사진관리 업무시간을 단축시키기 위해 만든 앱이다.

최근 스마트 디바이스는 현장에서 BIM 모델을 검토할 수 있을 뿐만 아니라, BIM 모델과 체크리스트를 연계한 현장 품질관리의 형태로 다양하게 발전하고 있다. Velasystem은 오토데스크사를 인수하여 Autodesk BIM 360 Field(http://bim360field.com)라는 현장 스마트 워크 제품을 출시하였으며, 그래피소프트사

[그림 4-5] 현장관리용 스마트 앱 구축 사례(포스코건설)

구 분	AS-IS	TO-BE
안전관리	 현장 안전사항 체크 내용을 현장에서 수기로 작성한 다음 사무실에서 회사 시스템에 PC에서 입력	 현장 안전체크내용을 스마트기기로 회사 시스템에 바로 접속 입력
기술관리	 현장필요 기술내용을 사무실에서 회사 시스템에 PC로 접속하여 검색	 현장 필요 기술내용을 스마트 기기로 회사 시스템에 바로 접속, 검색
사진관리	 현장 촬영한 사진을 PC로 옮기고 회사 시스템 에 업로드	 현장 촬영한 사진을 스마트 기기로 회사 시스템에 바로 업로드

[그림 4-6] 스마트 워크 현장 적용 사례(포스코건설)

의 BIMx(http://www.graphisoft.com)는 클라우드와 스마트 디바이스로 현장에서 BIM 데이터 활용이 가능하게 만들었다. 뿐만 아니라 스마트 디바이스와 결합한 증강현실에 대한 관심이 늘어나고 있어 멀지 않은 시기에 건설산업에서도 이를 응용한 현장관리 시스템으로 다양한 정보를 증강현실로 조회할 수 있을 것으로 기대된다.

6. 측량기기

BIM과 연계할 수 있는 측량기기에는 GNSS(Global Navigation Satellite System), 3D 스캐너(3D Scanner), 광파기(Total Station) 등이 있다. GNSS는 위성측위 시스템으로 미국에서는 GPS,러시아에서는 GLONASS로 불린다. GNSS는 인공위성의 신호를 중계기와 수신기로 받아 건물의 위치를 측정할 수 있으며, 후처리하는 시간이 늘어날수록 정확도가 향상되어진다. 3D 레이저 스캐너는 건축물에 레이저를 주사하여 반사되는 각도와 거리를 이용하여 3차원 형상을 측량하는

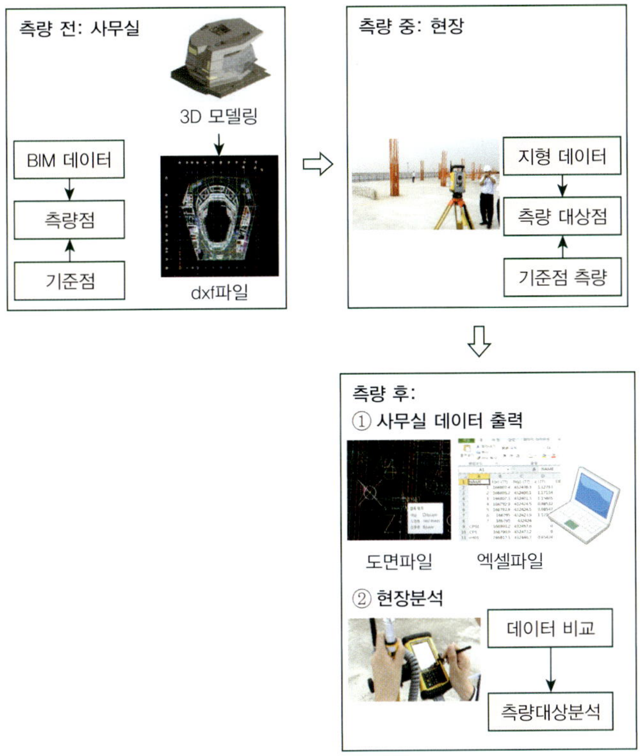

[그림 4-7] BIM 기반 광파기 측량 프로세스

방식이며, 광파기는 특정 주파수의 광파를 쏘아 반사경에서 되돌아 오는 시간을 기준으로 위치를 파악할 수 있는 기기이다.

인천 아트센터 문화단지 현장에서는 비정형 건축물의 BIM 데이터와 광파기를 이용하여 비정형 부재의 위치를 실시간으로 측량하였다.

BIM 기반 광파기 측량업무는 먼저 측량 전에 사무실에서 BIM 데이터를 dxf 파일로 전환하고 이 데이터를 광파기에 연계된 PDA에 입력하는 순서로 진행한다. 현장에서는 측량기준점을 포함하여 대상점을 광파기를 이용하여 측량하고, CAD상의 점과 실제 측량한 점을 PDA로 비교분석한다. 측량 후에는 현장사무실에서 비교하여 기록하거나 데이터화한다. 참고로 이러한 BIM 기반 측량을 하기 위해 광파기는 Trimble사의 Layout이 사용되었다.

3 BIM의 미래 방향

현재 국내 건설사가 실무에서 사용하는 BIM은 설계단계에서 보지 못한 도면 오류나 공종간섭 체크, 일부 공정이나 물량산출로 그 활용이 한정되어 있다. 하지만 가까운 미래에는 한편으로는 BIM을 이용한 유지관리로 발전하거나, 다른 한편으로는 IT 기술과 융복합한 기술로 자리를 잡아갈 것이다. 궁극적으로 융복합 기술로 BIM은 건설산업의 자동화와 공업화에 영향을 미칠 것으로 보인다. 기존의 X, Y축의 정보로는 자동화를 위한 생산정보가 부족하지만 Z축이 더해진 입체적인 정보는 건설의 자동화 및 공업화를 가능하게 할 것이다.

건설사의 입장에서 BIM은 건설 경쟁력 향상과 건설인력 부족이라는 사회적인 문제를 해결하기 위해 반드시 필요한 기술이다. BIM은 3D 기반 기술과 이를 이용한 4D, 5D, nD 및 융복합 기술로 지속적으로 발전하여 건설산업의 생산성을 향상시킬 것으로 기대된다. 머지않아 PC(Precast Concrete), 철골, 커튼월 생산에 BIM을 활용함으로써 생산이 자동화될 것이며, 나아가 골조, 마감까지 공장에서 생산이 가능한 모듈러(Modelar) 건축이 BIM 기반으로 생산자동화가 가능할 것이다.

26 포스코 A&C에서 만든 모듈러 주택 브랜드이다. 구조, 설비, 마감의 전체 공정이 공장에서 80% 이상 만들어지고, 현장에서는 단순 조립만 하므로 공정단축 및 건물의 재활용이 가능한 공업화 주택이다.

[그림 4-8] 모듈러 주택의 예(뮤토)[26]

하지만 지금의 BIM 기술이 발전하기 위해 갈길이 멀다. 무엇보다도 건설사 내부에서 BIM 기술이 효율적으로 사용되기 위해서는 기술의 선별적 적용 및 개발이 필요하다. BIM은 건설의 모든 분야에 활용이 가능하지만 현재 시점에서는 BIM을 어떻게 적용하는가에 따라 건설사의 BIM 도입 승패가 좌우될 것이다. BIM의 실무적용 가능 여부는 BIM의 ROI 차원에서 검토되어야 하고, BIM을 위한 BIM이 되지 않기 위해서 ROI는 반드시 필요한 요소이다.

그러나 ROI의 성과가 있는 BIM 기술이 단순히 개발된다고 해서 바로 건설사의 경쟁력이 되지는 않을 것이다. BIM 활용 인력과 조직의 육성으로 BIM 기술이 건설사 내부로 구체화되고 발전되어야 한다. 글로벌 시대에 건설사의 경쟁력을 높여서 살아남기 위해서는 BIM 기술/인력/조직에 대한 연속적인 투자가 필요하다. [표 4-2]는 국내 건설사의 현재 또는 향후 분야별 BIM 추진 내용으로, BIM을 어떤 방향으로 이끌어가야 할지 이해하는 데 도움이 되었으면 한다.

[표 4-2] 건설사 주요 BIM 추진 가이드

대분류	중분류	소분류	추진방향
1. 가이드라인 및 표준	가이드라인(전사 또는 본부 관점)	조직의 비전/목표(계약제도, 사업수행방식 고려)	- 턴키, DB, DBB 방식 고려
		모델링 표준	- LOD, 치수, 객체 속성, 모델링 세부 수준, 측정 시스템 등
		분석 모델링 표준(2. 분야별 시스템 개발 및 활용)	- LOD, 치수, 객체속성, 모델링 세부 수준,측정 시스템 외 - 각 분야의 회사표준/규정 (단, 기존 방식 적용 불가능 시 개선) - 방향모색: 예. CBS(견적분야), WBS(공정분야) 등
		조직 및 인력계획	- 조직구조, 개인(구성원) Skill, 직원 확보, 교육요구조건
		시스템 적용계획	- 정보교환, 교육계획, 지원계획
		협업계획	- 데이터(문서 등)의 권한 및 액세스, 폴더 관리, 파일 명명 등
		회사의 BIM 기술계획(소프트웨어, 하드웨어, 인프라 등)	- BIM 소프트웨어, BIM 소프트웨어 간 호환성, 하드웨어 구성, 협업 시스템 및 정보교환 인프라 등
		BIM 업무 프로세스	- 계약제도별, 사업수행방식(외주, 직영 등)별, 수행단계별 등 고려
		BIM 관련 표준 문서 및 관리 체크리스트	- 필요 문서, 관리 체크리스트(checklist) 등 개발

대분류	중분류	소분류	추진방향
1. 가이드라인 및 표준	1) 가이드라인(프로젝트 관점)	BIM 수행 계획 수립	- 프로젝트 정보 생성
			- 핵심 협업 팀(협력업체 등의 구성)
			- 프로젝트 목적 및 목표
			- 협업 프로세스 매핑
			- 프로젝트의 단계 및 마일스톤별 관리 방법
			- 모델링 계획(관리자, 조직구성, 계약문서 납품조건, 각 단계별 모델링 계획, 모델 구성요소, 치수, LOD, 객체속성, 모델링 세부수준, 측정 시스템, 모델의 참조규정, 파일 명명방식 등)
			- 분석계획(수량산출, 견적, 공정, 간섭 체크, 시각화, LEED, 에너지, 구조, 기타 프로젝트 지정사항 등)
			- 프로젝트 협업 및 정보교류 계획 - 문서관리(권한, 액세스, 폴더, 폴더 알림, 파일명명, 설계검토 등) - 설계, 입찰, 시공, 준공
			- 프로젝트 BIM 기술계획 - 소프트웨어 구성계획 - 시스템 요구조건 및 운영: BIM 소프트웨어의 요구조건, 자금원, 데이터 소유권, 운영, 사용자 요구조건 - 프로젝트 협업: 시스템 소유자, IT 요구조건, 자금원, 운영, 사용자 요구조건, 보안 요구조건
		BIM 수행	- BIM 수행계획의 모니터링 및 관리 방법
			- BIM 수행결과물의 활용 및 응용(단계, 분야, 공종 등)
		BIM 데이터 인수인계 (Turn-over)	- 유지관리 BIM 데이터의 생성방법 :데이터 구조, 데이터의 소유권, 활용을 위한 정보전달 방법 등
	2) IFC/데이터 호환	IFC 기반 정보 호환 방법, 룰 체크 (Rule checking)	- BIM 정보생성 및 정보교환 방법, 조달청 등 대관 제출방법, SMC 등을 이용한 룰 체크(Rule checking)
		IFC Server 구축/데이터 관리	- BIM 데이터 관리 - 리비전(Revision) 관리
		IFC 데이터와 기존 시스템과의 연계	- 애플리케이션(Application) 개발에 관한 기준 마련

대분류	중분류	소분류	추진방향
1. 가이드라인 및 표준	3) BIM 표준 라이브러리 관리	각 분야별 표준 라이브러리 생성 및 관리 방법	- 객체속성, LOD, 분류체계, 생성/활용/업데이트 등
		사외 라이브러리의 도입 및 관리방법	- 구매, 프로젝트 수행 시 취득 등 방법 고려
		BIM 표준 라이브러리의 배포 및 보안	- 지적재산권에 대한 규정, 관리방식 고려
2. 분야별 시스템 개발 및 활용	1) 모델링	BIM Authorizing 소프트웨어들의 활용 및 응용	- 모델링 방법, Layer 등 객체의 속성 생성 및 관리방식(파일구조, Naming 포함)
		도면화 /시공 상세도 생성-2D 와의 연계방안	- 2D 도면화 및 관제출(허가도서) 도면의 정보 체계 생성방식: 자동화 정도에 대한 구체적 목표 필요
		조감도 등의 산출물 생성 및 관리 방법	- BIM 소프트웨어 내부 또는 외부 시스템과의 연계 등에 따른 산출물의 생성 및 관리방법
		지능형 라이브러리 생성 및 관리	- 효과적인 라이브러리 생성방법 연구 - 라이브러리 배포 및 관리체계 도출 (MEP 등)
		비정형 모델링	- 비정형 모델링(라이노/DP 등 고려) 및 엔지니어링 프로세스/방법 - 도면 및 제작도 자동생성(주로 DP 고려) - 3차원 좌표 추출 등 - 1way, 2way, NURBS 등에 따른 경제적 패널라이징, 시공방법 등: GPS를 이용한 시공 오차 최소화 등 고려
	2) 모델 통합/조정	정보 교환/인터페이스 (Interface)	- 건축-구조(구조모델-해석모델-상세 모델 간 정보교환), 건축-MEP, 건축-견적, 건축-공정 등 - 토목, 기획, 설계, 구조, 견적, 설비,공정, 친환경, Rule-checking, 조경, 인테리어, Digital fabrication, 코디 네이션(간섭 체크 등)과 관련된 BIM 데이터 간 정보교환방법
		간섭 체크 (Clash detection)	- Navisworks, SMC(Solibri Model Checker: 조달청 사용), Vico Office 등을 이용한 간섭 체크 → Rule setting 방법/리포팅(Reporting)방법 고려
		룰 체크	- 법규/성능

대분류	중분류	소분류	추진방향
2. 분야별 시스템 개발 및 활용	3) 모델 시각화	모델의 배포	- PC, Mobile 등에서의 BIM 모델 Viewing 및 활용
		시각적 시뮬레이션(Visual simulation)	- 공정회의, 안전(TBM 등) 회의 등에서의 활용방법(관련 정보와의 연계 고려) - Room(BIM 기반 회의실) 구성방법: Digital workbench 등 고려
		디지털 목업	- 인테리어, 마감재 등의 재질, 색감 등에 대한 디지털 목업 적용방법
	4) 4D (공정)	기존 공정관리 소프트웨어와 매핑 방법 (자동/반자동)	- Primavera, MS project 등과의 연계 (Object와 액티비티 간 매핑 방법) - 가설 등 BIM 모델에 없는 객체처리방법
		4D 정착을 위한 공정관리 정보 체계 개발	- WBS, LBS(Location Breakdown Structure), 5D 확장을 위한 방법(5D 생성방식 고려: Object와 Cost 연계 후 Schedule 생성 또는 Object와 Schedule 연계 후 Cost 매핑 등), 액티비티 생성방법
		4D의 활용성 제고	- 대안공법분석/분석/시뮬레이션 (Sequence, Duration, 공법, 안전 등) - Micro-simulation(가설, 작업동선, 자재 배치(적치 레벨), 복잡부의 상세 등 - 객체정 보의 다양화/확대(시방정보, Best practice 제공, 업체정보, 조달정보 등) [해당객체 Click 시, 관련 정보제공 고려]
		진도관리 및 공정 업데이트	- As-built(진도/기성) 정보의 업데이트 (P6, MS project 등과의 연계 포함) - 공기지연 등에 따른 공정계획 수정 및 업데이트 방안 고려 - QR/RFID/USN/Mobile 등과의 연계를 통한 실시간 데이터 수집 및 관리지원
		4D 모델 기반 협업/프로젝트관리	- PMIS 등 프로젝트 관리 시스템과의 연계 - 4D 정보의 배포 및 활용
	5) 5D (수량산출, 견적, EVMS)	BIM 기반 수량산출을 위한 내역체계 및 프로세스 정립	- Vico Office 활용방법: TOI-TOQ 체계와 당사 CBS, 조달청 내역체계 간 연계 - RC 8.0, FIN 8.0(고려전산)/MIDWARE (유미드) 등의 다른 소프트웨어 적용 시 내역체계 및 연계 - 사내-외주-대관 관리 프로세스 및 정보 관리방법 - 수량 산출서 및 내역서 추출방법 - 개략 견적 및 상세 견적/모델의 LOD에 따른 적용방법 고려 - 가설 등 비모델링 부분에 대한 처리방법 (철근 등 대용량 데이터 생성부분 처리방법)

대분류	중분류	소분류	추진방향
2. 분야별 시스템 개발 및 활용	5) 5D (수량산출, 견적, EVMS)	비용 시뮬레이션 (대안 분석) 방법	- 상용 소프트웨어 또는 기존 체계와의 연계 - 상용 소프트웨어를 활용한 비용 시뮬레이션 방법 - 추가 개발여부 검토
		EVMS(일정-비용 통합) 체계 구축	- 상용 소프트웨어 활용방법 또는 기존 체계와의 연계 고려
		기성관리와 연계	- 기준단가 생성(개략, 상세 등 고려, ERP 또는 원가관리 시스템의 단가 연계 고려) - 기존 시스템과 BIM 정보와의 연계
	6) 조달 Procurement	4D, 5D와 연계한 조달계획 수립 지원	- JIT 개념을 반영한 적절한 조달시점 및 Buffer 결정 지원 - Long-lead item 자재의 조달관리 지원
		조달과정의 시각화 (Visualization)/ 관리 효율화	- 주문 → 출하 → 운반 → 입고 → 야적 → 소운반 → 양중 → 적치 → 설치와 불용 처리 등의 과정에 대한 시각화(주요자재) → 실시간 관리 및 현장관리 효율화 - 조달관련 업무 효율화(관련문서, Spec., 품질실험 등과의 연계고려-미래연구) - RFID/QR/Bar-code 등과 연계한 물류 관리 자동화
	7) 협업 (BIM based PMIS, PLM etc.)	BIM 기반 협업 체계 연구	- BIM 데이터의 관리체계 및 운영 프로세스 정립
		PLM 시스템 체계 및 개발	- 프로젝트의 BIM 기반 life-cycle 관리를 위한 체계 구축 - 시스템 개발(향후-전사 BIM/PLM 조직과의 연계 고려)
		BIM 기반 PMIS 도입/개발	- 시공단계에서의 BIM 데이터 활용/협업 지원 (4D, 5D, 품질, 안전, 작업일보 등과의 연계 고려)
	8) Green/ LEED/ 환경	에너지, CO_2	- BIM과 연계된 상용 소프트웨어의 활용(대안분석: Ecotech Analysis, EcoDesigner 등) - DOE2(정적해석, eQuest 등 연계고려), EnergyPlus(동적해석 가능) 등 미국 DOE 제공 엔진과의 연계 - 주택성능 등급제(보유)/친환경건물 인증제도/한국에너지공단 자료활용 등 (정적해석 기준)
		일조, 조망, 향, 기류, 프라이버시	- BIM 데이터와 연계방안 모색 - 일반건축 상용 소프트웨어 활용방안 검토

대분류	중분류	소분류	추진방향
2. 분야별 시스템 개발 및 활용	9) 가설, 장비 등	현장 가설계획 지원	- 라이브러리 구축, 시뮬레이션(Simulation) 방법 및 의사결정 지원, 리포팅(Reporting) 등 기존 업무지원
		시뮬레이션을 통한 최적화	- 시뮬레이션 Factor 정의, 결과에 대한 반영 프로세스 구축
	10) Digital fabrication	외주업체(Supplier)와 BIM 데이터 교환 프로세스/방법	- DP/Tekla 등과의 연계, CAM 정보 생성 등 - 외주관리
		비정형 부재의 디지털 생산 방법	- 외주 프로세스 정의, 부재 코드 및 관리체계 고려
	11) 유지관리(O&M)	유지관리 BIM 데이터 체계 및 관리 방법	- COBIE 등을 반영한 유지관리 정보 체계 구축
		시설물 유지관리 체계 및 시스템 개발(도입)	- 임대관리(ArchiFM 등), 에너지 관리, 시설물관리, 하자/유지 보수관리, 방범/보안관리, 청소관리, 인력관리, 자재/설비관리 등
		센서기반 데이터 수집 및 실시간 모니터링	- BIM 모델과 연동 - 데이터 표현방식 및 시스템 성능(Performance) 고려
	12) 도시/GIS	도시 계획에서의 BIM 활용 방안	- 수치지형도 활용, Google earth/GIS와 연계 - 도시계획 분야에서 BIM 활용
	13) 융합(타 IT 기술과 연계)	스마트 디바이스	- 스마트 디바이스에서의 BIM 활용 방안
		RFID/USN	- RFID+4D 기반 철골/PC/커튼월 물류 및 진도관리 시스템 - 스마트 폰+QR 접목 가능
		조경	- 식재수량, Digital Mock-Up, 일조/일영을 이용한 식재종류 계획, 식재에 따른 시야 시뮬레이션 등
		토목	- 토공량 파악, 토사처리, 지질분석, 가설 등
		방화/방재/소방	- 기존 BIM 소프트웨어의 활용 예) 피난소프트웨어(PathFinder 등)

제 5 장

부록

1. 포스코건설 BIM 프로젝트 사례
2. BIM 소프트웨어의 종류와 특징

1 포스코건설 BIM 프로젝트 사례

[표 5-1] 프로젝트별 BIM 적용 분야

구분	적용 프로젝트	3D			4D	5D		6D
		설계단계 검토	도면 오류/공종간섭 검토	시공 상세도	공정	수량 산출	견적	에너지 분석
1	포스코 이앤씨타워 ('07.02-07.07)	○						
2	트라이볼 ('08.10-09.12)			○		○		
3	한성백제박물관 ('08.12-09.03)		○			○		
4	송도 센트럴파크 II ('09.04-11.08)		○	○				
5	포스코 글로벌 R&D센터 ('09.07-.09.11)	○						
6	인천 아트센터 ('09.08-10.12)		○		○	○	○	
7	남양주 별내 더샵 공동주택 ('10.8-10.12)		○		○	○	○	
8	ㅇㅇ청사 1-2구역 ('11.3-12.10)		○		○	○	○	
9	판교 엔 스퀘어 1단계 ('11.07-12.04)		○			○		
10	그린빌딩 ('11.10-12.12)	○	○		○	○	○	○
11	내곡지구1단지 공동주택 ('12.04-12.06)		○					

* 기간: 2007~2012년, 프로젝트 착수시점 순

1. 포스코 이앤씨타워

포스코건설 최초의 BIM 프로젝트로 설계사인 포스코 에이앤씨와 간삼건축은 2007년 중간설계단계에서 BIM을 이용하여 2D에서는 이해하기 어려운 도면을 3D 모델링으로 협의 및 정보교환에 활용하였다. 설계단계에서는 BIM으로 설계오류 및 공종간섭 사항을 체크하여 재시공으로 인한 공기연장 요인을 감소시켰지만, 시공단계에서는 4D(공정)를 적용하지 않았고, 5D(수량산출)는 골조물량 산출은 하였으나 활용을 하지 못했다. 당시 BIM의 현장적용이 어려운 것으로 판단되었지만, 이 프로젝트는 이후 사내에 BIM 조직, 인력양성, 기술도입 등을 추진하는 계기가 되었다.

구분	내용
BIM PJT 용도/규모	업무시설/2개동. 지하 5층, 지상 39층 
BIM 모델링 범위	-구조/건축: 골조, 외장 커튼월 -기계: 미적용 -전기: 미적용  
BIM 소프트웨어	Revit Architecture 2008, ArchiCAD 10  
BIM 수행기간	2007.02~2007.07
BIM 적용	- 설계단계 검토(Design review): 중간 설계단계에서 BIM을 적용하여 2D 에서는 이해하기 어려운 도면을 3D 입체화하여 설계의사 결정시 활용 - 수량산출: BIM 툴을 이용한 기본적인 콘크리트 물량산출

2. 트라이볼

트라이볼은 비정형 건축물로 설계 시 만들어진 BIM 데이터를 바탕으로 재시공방지, BIM을 통한 프로젝트 참여자 간 의사소통(Communication), 비정형 패널 제작 및 수량산출에 활용한 프로젝트이다.

BIM PJT 용도/규모	문화 및 집회시설/지하 1층~지상 3층 
BIM 모델링 범위	- 구조/건축: 골조, 외장 및 인테리어 - 기계: 공조덕트 및 배관, 위생배관, 소화배관, 제연덕트 - 전기: 전기케이블 트레이, Cat walk, 조명 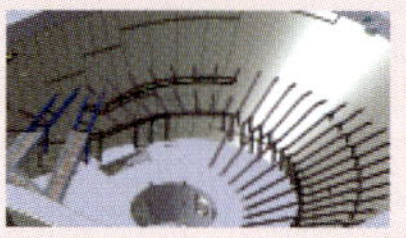
BIM 소프트웨어	Rhino, CATIA, SketchUP, AutoCAD 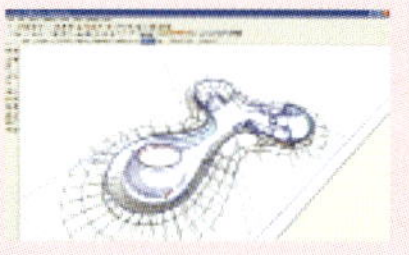
BIM 수행기간	2008.10~2009.12
BIM 적용	- 커뮤니케이션: 프로젝트 참여자 간 커뮤니케이션 향상, BIM을 활용한 비정형부위 시공순서 검토, 도면에 대한 공사참여자의 의사소통 및 시공 방법 이해도 향상 - 수량산출 : 비정형 부분 콘크리트 자재 발주 및 골조공사 소요일 산정에 활용 - 시공상세도(SHOP Drawing): 공장제작 비정형 부분 패널(Panel) SHOP Drawing 작성

3. 한성백제박물관

비정형 건축물의 시공성 검토를 위해 2D 도면을 BIM으로 3D 전환하고 도면 오류, 공종 간 간섭 체크, 주요 골조부재 수량산출을 하였다. BIM을 이용한 시각화로 발주처, 설계사, 건설사 간의 커뮤니케이션에 활용한 프로젝트였다. 현장 BIM을 적용하기 위해서 2주간 현장직원을 대상으로 BIM 기본교육을 한 결과, 현장 공종담당자의 BIM 검토로 BIM 전문가도 발견하지 못한 오류를 찾을 정도로 기대이상 결과를 얻을 수 있었다.

BIM PJT 용도/규모	문화 및 집회시설 /1개동, 지하 3층-지상 2층	
BIM 모델링 범위	- 구조 : RC 및 철골 - 토목 : 주변 지형	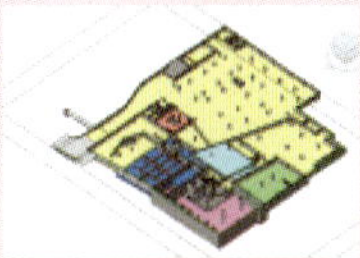 
BIM 소프트웨어	Revit Architecture 2008, AutoCAD 2008	 
BIM 수행기간	2008.12~2009.03	
BIM적용	- 커뮤니케이션: 프로젝트 참여자 간 커뮤니케이션 향상 - 도면오류 및 공정간섭 검토: 2D 구조 도면을 BIM으로 전환하여 도면 오류 및 비정형 구조물 간섭사항을 체크 - 수량산출: 비정형 구조물의 콘크리트 자재 발주시 활용	

4. 송도 센트럴파크 Ⅱ

송도 센트럴파크 Ⅱ에서는 기계설비공종을 대상으로 공종 간 간섭 및 현장 시공상세도 작성을 위하여 BIM을 적용하였다. 구조, 건축, 설비 2D 실시설계도면, 시방서, 관련법규를 종합하여 BIM으로 전환설계하고, 도면 오류 및 공종간섭을 체크한 후에 BIM 데이터를 추출하고 설비시공상세도(SHOP Drawing)를 작성하였다. MEP에 단순히 공종간섭을 위하여 BIM을 적용하는 것보다 현장 시공상세도(SHOP Drawing)에 활용되었을 때 그 효과는 더 크다. 하지만, 2009년 당시 BIM 인력, 소프트웨어, 하드웨어와 같은 BIM 인프라가 부족한 상황에서 한계에 부딪칠 수밖에 없었고, 따라서 그것을 극복하고자 노력한 프로젝트였다는 데 의미가 있다.

BIM PJT 용도/규모	- 공동주택/상가(B1F~3F) - 공동주택 1개동(B2F~49F)의 지하 2층 기계실 지상 3층 기계실 지상 3층 트랜스퍼(Transfer)층 지상 49층~옥탑 3층 기계실 상가동 MAIN 기계실	
BIM 모델링 범위	- 구조/건축: 지하 2층~ 지상 1층, 2층, 3층, 49층~Roof 구조, 천장, 바닥 마감 - 기계 : 공조배관, 위생 배관, 덕트	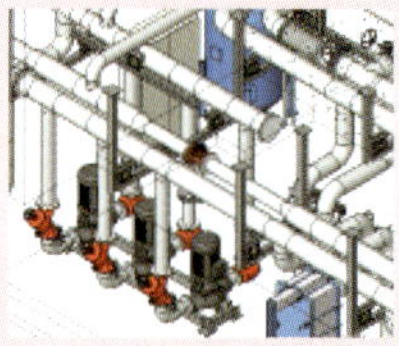 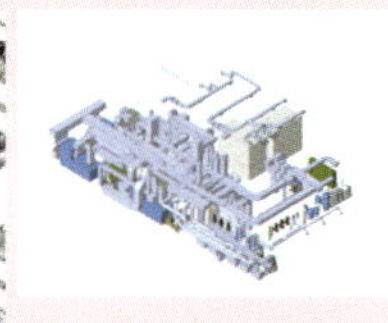
BIM 소프트웨어	Revit Architecture 2011, Revit MEP 2011, AutoCAD 2011	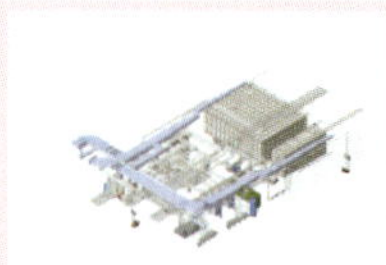 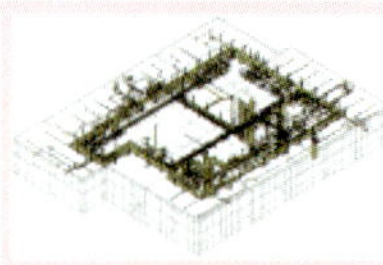
BIM 수행기간	2009.04~2011.08	
BIM 적용	- 도면 오류 및 공종간섭 검토: 실시설계도면을 BIM으로 전환하여 도면 오류 및 간섭사항을 체크 - 시공상세도(SHOP Drawing): BIM 모델링으로부터 설비 2D 시공상세도 추출, 작성	

5. 포스코 글로벌 R&D 센터

설계사인 포스코에이앤씨에서 BIM을 활용하여 설계도면의 시공성 검토, 인테리어 비주얼 목업(Visual Mock-up)을 한 사례이다. BIM을 활용하여 프로젝트 참여자인 발주처, 설계사, 시공사 간 신속한 정보공유 및 의사결정을 할 수 있었다.

구분	내용
BIM PJT 용도/규모	연구시설/4개동, 지하 1층~지상 16층 
BIM 모델링 범위	- 구조/건축: 구조 및 건축 마감부분, 커튼월 - 인테리어 : 인테리어 벽체, 천장, 바닥마감, 가구 - 기계: 공조배관, 위생배관, 소화배관, 전기케이블 트레이 등 
BIM 소프트웨어	Revit Architecture/Revit Structure/ Revit MEP 2009 TEKLA Stucture/Navisworks/Solibri Model Checker/Ecotect→DDS Viewer (IFC)/Design Review/ AutoCAD 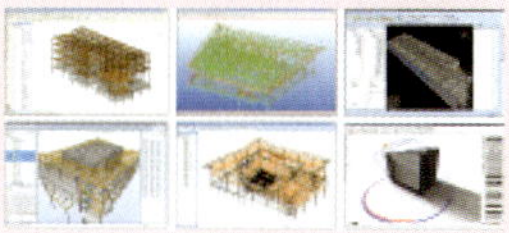
BIM 수행기간	2009.07~2009.11
BIM적용	- 설계단계 검토(Design review): 인테리어 디지털 목업으로 발주처  〈디지털 목업〉 - 도면 오류 및 공정간섭 검토 〈BIM 테이터와 시공사진 비교〉 

부록

6. 인천 아트센터 문화단지

BIM 기반의 3D 모델링을 통하여 비정형 건축물의 도면검토 및 간섭 체크를 하고, 이를 토대로 4D(공정), 5D(견적)를 적용한 프로젝트이다. 프로젝트 수행결과 3D뿐만 아니라, 4D 및 5D를 고려한 BIM 모델링을 위한 기초 데이터베이스를 구축하였고, BIM 적용목적에 따른 정보분류체계, LOD(Level Of Detail)에 대한 필요성이 제기되었다.

구분	내용
BIM PJT 용도/규모	문화시설/ 콘서트홀1개동. 지하 2층~지상 7층 
BIM 모델링 범위	– 구조/건축: 매스위주의 모델링 (철근 등 매립부분 제외) – 인테리어: 주요실 부분인테리어 적용 – 전기: CABLETRAY, BUSDUCT 조명 (벽체배선기구 제외, AV, 음향설비 제외) – 기계: 공조덕트, 배관 및 위생, 냉난방배관 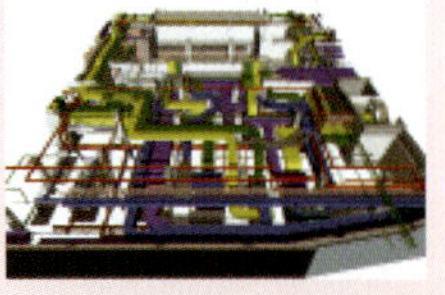
BIM 소프트웨어	ArchiCAD 14(MEP 포함), Vico Software 2008 
BIM 수행기간	2009.08~2010.12
BIM 적용	– 도면오류 및 공정간섭 검토 • 실시설계도면을 BIM으로 전환하여 도면오류 및 간섭사항을 체크 • 4D, 5D를 고려한 3D 모델링 기준수립 – 공정(4D) : 비정형 건축물의 3D 모델링을 활용한 시각적 공정관리 – 견적(5D) : BIM 기반의 EVMS(Earned Value Management System) 관리

7. 남양주 별내 더샵 공동주택

공동주택과 같은 정형 건축물의 BIM을 통한 도면 오류 및 공정간섭 체크, 4D 및 5D 적용효과와 디지털 목업(Digital Mock-Up) 활용 가능성을 테스트하였다. 정형 건축물에서 발생하는 BIM을 이용한 공종간섭 체크 건수를 바탕으로 BIM의 투자비 대비 이익(ROI)에 대한 검토를 하였다. 또한 BIM 기반 수량산출과 기존 수량산출 간의 차이에 대한 원인을 분석한 프로젝트였다.

구분	내용	이미지
BIM PJT 용도/규모	공동주택/ • 지하 1층: 기계실/전기실/물탱크실 • 지상 1~26층, Digital Mock-Up 1세대	
BIM 모델링 범위	- 건축/구조 : 매스위주의 모델링 (철근 등 매립부분 제외) - 전기 : CABLETRAY, BUSDUCT 조명(벽체 배선기구 제외) - 기계 : 공조배관, 위생배관, 환기덕트	
BIM 소프트웨어	ArhiCAD 15(MEP 포함), Vico Software 2008	
BIM 수행기간	2010.8~2010.12	
BIM 적용	- 도면 오류 및 공정간섭 검토: 실시설계도면을 BIM으로 전환하여 도면 오류 및 간섭사항을 체크, 단위세대 디지털목업(Digital Mock-Up) - 공정(4D): 공동주택 3D 모델링을 활용한 시각적 공정관리 - 견적(5D): 공동주택 BIM기반의 EVMS(Earned Valud Management System) 관리	

8. 00청사 1-2구역

공공발주 프로젝트를 대상으로 3D, 4D, 5D를 연계하는 업무 프로세스와 국내 실정에 맞는 4D, 5D 데이터베이스(D/B)를 구축하기 위한 프로젝트였다. 비정형 건축물의 도면 오류 및 시공성 검토를 수행하였고, 5D(수량산출/견적) 측면에서는 내역항목별 LOD 기준을 수립하였다.

특히 BIM으로 수량산출이 가능한 항목과 불가능한 항목을 나누어 보다 효율적인 BIM 기반의 견적을 할 수 있는 기틀을 만들었다.

구분	내용
BIM PJT 용도/규모	공공청사/1개동, 지하 1층~지상 7층 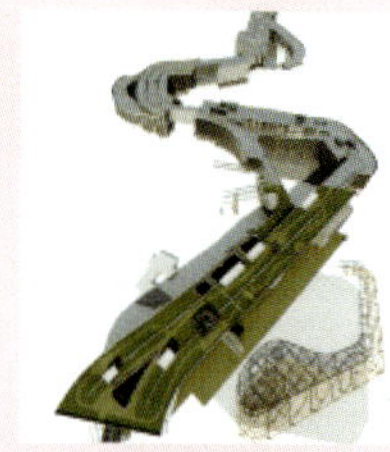
BIM 모델링 범위	가설 건축/구조: 매스 위주의 모델링 (철근 등 매립부분 제외) 전기: CABLETRAY, BUSDUCT 조명 (벽체배선기구 제외) 기계 : 공조배관, 위생배관, 환기덕트 소방 
BIM 소프트웨어	ArchiCAD 15(MEP 포함) Vico Office R3.1 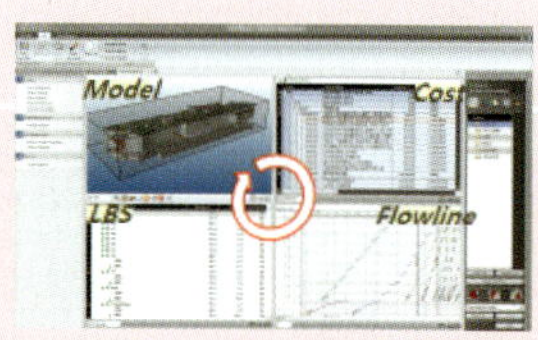
BIM 수행기간	2011.03~2012.10
BIM 적용	- 도면 오류 및 공정간섭 검토 : 실시설계도면을 BIM으로 전환하여 도면 오류 및 간섭사항을 체크, 내부 인테리어부분 디지털 목업(Digital Mock-Up) - 공정(4D): 3D 모델링을 활용한 공정관리 범위 수립 - 견적(5D): 공공발주내역기준 BIM 기반의 데이터베이스 구축

9. 판교 엔 스퀘어(N-Square) 1단계

지하 6층 골조를 대상으로 BIM을 적용한 프로젝트로, BIM 전문용역업체의 지원 없이 본사 BIM 전문교육을 받은 현장 설계담당직원이 수행한 프로젝트였다. BIM으로 시각적이며 직관적인 검토로 프로젝트 참여자 간의 협의가 원활히 진행되었다. 골조도면 검토 시 3D 가시화(Visualization)를 통해 과거 2D 도면 위주의 사전검토에서 누락될 가능성이 높은 부위를 사전에 발견함으로써 시공단계에서의 공기지연 및 리스크 발생을 현저하게 줄였다. 또한 현장에서 수작업으로 이루어지던 물량산출을 BIM을 이용함으로써 산출기간을 줄일 수 있었다.

BIM PJT 용도/규모	업무시설/지하 6층 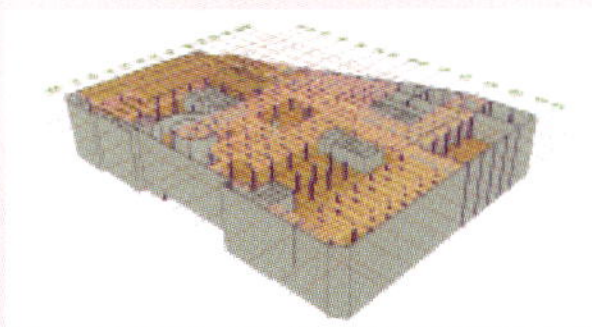
BIM 모델링 범위	구조 : 매스 위주의 모델링 (철근 등 매립 부분 제외) 
BIM 소프트웨어	ArchiCAD 15 Autodesk Design Review Auto CAD 
BIM 수행기간	2011.07~2012.04
BIM적용	- 도면 오류 및 공정간섭 검토: 2D 실시설계도면을 BIM으로 전환하여 도면 오류 및 간섭사항을 체크 - 수량산출: 구조 수량산출서 검토단계 BIM 활용

10. 그린빌딩(Green building)

그린빌딩에서의 BIM 적용은 설계사에서 Revit으로 설계를 진행하고, 건설에서 이를 활용하여 ArchiCAD로 작업한 후 Vico Office를 적용하여 4D/5D 수행한 프로젝트였다. 이를 통해 국내에서 가장 많이 활용되고 있는 ArchicAD, Revit에 대한 작업기준을 마련하고, 특히 현장에서 4D/5D를 활용하기 위한 설계단계 BIM 구축기준을 마련하였다. Layer, Combination layer, Pen setting, ID 체계, FILL, Layer type 및 Material 등은 물론이고, 건설사 내 유관부서들 간 업무 프로세스에 대한 기준도 마련하였다. 이후 현장에서 직접 공정/내역(4D/5D)에 대한 추가적인 작업 및 관리를 통해 실무에 적용하였다.

BIM PJT 용도/규모	연구시설/1개동 지하 1층~지상 4층	
BIM 모델링 범위	건축/구조: 구조, 건축마감 설비: 공조배관, 위생배관, 환기덕트	
BIM 소프트웨어	Revit Architecture 2012 AutoCAD 2012 ArchiCAD 15 (MEP 포함) Vico Office R3.1 Graphisoft BIMx Artlantis iVisit 3D, Lumion	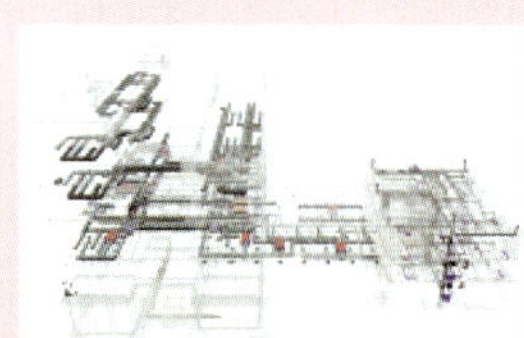
BIM 수행기간	2011.10~2012.12	
BIM 적용	- 설계 BIM 업무프로세스 수립: ArchiCAD, Revit 도면화 범위 및 모델링 기준수립 - 공정(4D): BIM 기반의 현장 공정관리 업무프로세스 수립 - 견적(5D): BIM 기반의 현장 견적관리 업무프로세스 수립	

11. 내곡지구 1단지 공동주택 프로젝트

토목분야에서 BIM 적용은 시공 전 부지지형 및 지하 구조체의 모델링을 통하여 지하층 및 기초의 시공순서, 굴토 토사량의 파악 및 토사운반 동선검토 등 다양한 활용이 가능하다.

적용 프로젝트의 대지는 종방향으로 길고, 경사를 이루고 있어 마치 계단과 같은 형태를 띠고 있었다. 또한 단차가 일률적이지 않고 2D 도면만을 보고 현장 담당자가 사전에 지형을 파악하기란 상당히 어려운 상황이었다. 2D 도면으로 된 수치지형도, 대지 종·횡단면도, 구조평면도 및 가시설도 등의 도면을 참고하여 BIM 모델링을 진행하였다. 지하 구조물과 가설통로의 간섭여부를 BIM으로 3D 시뮬레이션한 프로젝트로, 공정계획 수립 시 가설램프로 인한 간섭부분의 파악과 간섭에 의한 추가작업들에 대한 대비가 가능하여 합리적인 공정계획을 수립할 수 있었다.

BIM PJT 용도/규모	공동주택/26개동 지하 2~20층 
BIM 모델링 범위	지하 주차장 구조, 가설 흙막이, 가설램프  
BIM 소프트웨어	ArchiCAD 15 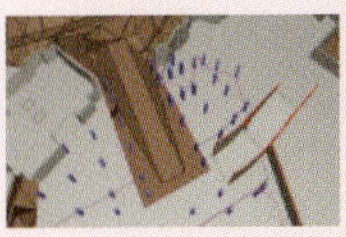 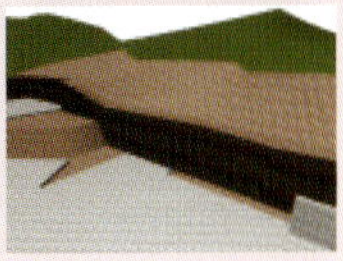
BIM 수행기간	2012.04~2012.06
BIM 적용	- 도면 오류 및 공정간섭 검토: 2D 구조/토목 실시설계도면을 BIM으로 전환하여 도면 오류 및 간섭사항을 체크, 가설 차량 진입 통로의 동선 검토 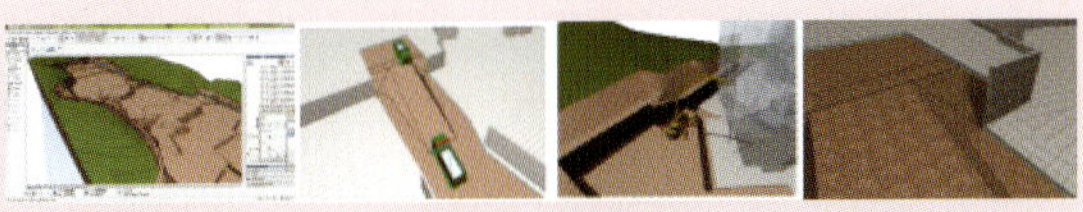 〈가설시뮬레이션〉

2 BIM 소프트웨어의 종류와 특징

1. 설계

소프트웨어명	개발사	주요 내용	홈페이지
AllPlan	Nemetchek	- 유연한 디자인 모델작업 및 2D/3D 동시 설계 - 다수의 BIM 툴과 직접호환 및 다양한 툴간 호환 가능 - Scia 등의 구조해석소프트웨어와 직접적인 호환가능 - 수량산출, 구조해석, 간섭확인, 시설관리 등의 기능 제공 - 건축, 토목, HVAC 등의 광범위한 활용성 우수 - Design To Cost 구현 가능 - 자동철근 배근으로 철근 Shop 등에 강점 - Fileset, Drawing File 및 Layer 개념의 조합으로 체계적인 파일 관리 - 1963년 독일에서 시작되어 유럽등지에서 많이 활용	www.allplan.com
ArchiCAD	Graphisoft	- 3D 모델링 및 다양한 소프트웨어 간 호환 가능 - Intelligent objects 내부에 다량의 정보가 포함 - GDL을 통해 여러 다른 환경에서 쓰일 수 있는 Parametric object 생성 가능 - Team Work 기능을 통해 협업 작업 강점 - 다양한 Add-on을 통해 전문 모델링 작업 지원 가능	www.archicad.com
Bentley Architecture	Bentley	- 다양한 제품군과 전문 공종별 작업 진행 가능 - 전문적인 설계, 분석 시뮬레이션 강점 - 다양한 데이터의 자동추출 기능 - 미공병대 지정 Tool - 플랜트 분야 정보통합관리 시스템 등에 주 활용중	www.bentley.com
Digital Project	Gehry Technologies	- Lockheed corporation에서 전투기 제작을 목적으로 만들어진 CATIA(Dassault System)를 기반으로 건축가 Frank Owen Gehry 주역인 Gehry Technologies에서 발전시켜 만들어진 건축용 툴 - 파라메트릭 객체 생성 용이 - 시공, 제작에 필요한 정밀한 정보생성이 가능하며, 특히 비정형 부분에 시공도, 제작도 및 관련 매개변수 생성이 강점	www.gehrytechnologies.com
Revit	Autodesk	- 자사의 다양한 제품군과의 호환성 개선으로 각 전문 공종별 작업 파일 호환 강점 - 건축을 위해 만들어진 Parametric Change Engine 툴 - 클라우드 서비스를 통해 고사양 렌더링 서비스 강점 - 건축, 구조, MEP의 전문분야별 작업 - 에너지 분석 지원	www.autodesk.com
Vectorworks	Nemetchek	- 디자인, 건축, 조경, 렌더링 작업 - 3D 구현에 탁월한 성능 발휘 - 유연한 디자인 모델작업 및 정밀한 작업 강점 - 해발고도 계산, 조도, 매개변수 등 계산 기능 강점 - 사실적 렌더링	www.vectorworks.com

2. 기획

소프트웨어명	개발사	주요 내용	홈페이지
3DVIA Shape	Dassault Systems	- 손쉬운 3D 모델링 - xml 기반의 호환성으로 다양한 외부문서 툴들과의 호환을 통해 초기 기획단계 디자인, 보고 시 유용 - Metadata, Geometry, BOMs 및 다양한 정보를 동기화할 수 있음 - 렌더링 기능 제공	www.3dvia.com
Dprofiler	Beck Technology	- 단순한 3D 모델링 작업 - 초기 설계단계에서 모델과 DB 연결을 통해 예산 분석, 실시간 개산견적 가능 - 수익창출형 시설물의 경우 전체적인 경제적 현금흐름 견적 가능 - 재정, 공기에 대한 보고서 및 개념 도면 가능 - 에너지 분석 툴과 연계 가능 - BIM 교환 포맷이 2D DWG로 제한적임	www.bech-technology .com
Form Z	AutoDesSys	- Sketch up과 유사한 기능을 가지나 Access, Fastlearning, Rendering, Sketching 모드 - 자유로운 형태의 모델링 작업이 가능 - 강력한 Boolean 기능과 Solid와 Surface 모델링을 통합하고 NURBS 기능을 지원	www.formz.com
Rhinoceros 3D	Robert McNeel & Associates	- Surface 모델링으로 다양한 형태의 비정형(Freeform)을 손쉽게 작업 가능 - CMM/CAM 장치로 출력 가능 - DWG, DXF 파일 포맷을 통해 다른 BIM 툴과 작업 가능 - NURBS(Non-Uniform Rational B-spline) 작업 가능하고, 다른 BIM Application 내부에서 편집할 수 있음 - Grosshopper를 통한 Geometric 표현기능 탁월	www.rhino3d.com
Sketch up	Trimble (Google)	- 직관적인 인터페이스로 손쉬운 3D 모델링 방식 - 대부분의 다른 BIM 툴 및 CAD package와 호환 가능 - Sketch up 모델에는 Intelligence가 없음 - 최근 Google에서 다시 Trimble사가 인수 - 일반 버전은 무료이나, Pro 버전은 유료	www.sketchup.com
Trelligence Affinity	Trelligence	- BIM 저작도구와 연계되는 Schematic Design 및 Programming 툴 - 3D 매스(Mass) 모델은 BIM 저작도구와 연계될 수 있고, Intelligent(파라메트릭 등을 가진) Object를 만들 수 있음	www.trelligence.com

3. 렌더링

소프트웨어명	개발사	주요 내용	홈페이지
AccuRender	Robert McNeel & Association	- 이미지 및 Viewpoint animation 생성 가능 - 조도나 휘도 윤곽 표현 가능 - Radiosity와 Sun Setting 기능을 보유하여 빠른 렌더링 지원 - Sketch up, AutoCAD 및 Revit용으로 활용 가능: 초기 Revit에 nXtRender가 내장되었으나 현재는 Mental Ray로 변경됨	www.accurender.com
Artlantis Render	Abvent	- 렌더링 전문 툴(ArchiCAD, Revit 등과 호환하여 주로 사용) - 손쉬운 인터페이스와 작업시간 대비 상대적으로 높은 퀄리티 이미지 생성 가능 - 이미지, VR, Viewpoint animation 및 기본적인 Animation 생성 가능 - 호환 포맷: DWF, OBJ, FBX, 최근 DXF, DWG, 3ds 등	www.artlantis.com
Cinema4D	Maxon	- 렌더링 구동속도가 빠르며, 프로그램이 가벼움 - 직관적인 Interface, 논리적인 Workflow 특징 - 시스템이 안정적이며 렌더링하면서도 작업 가능함 - 영화, 애니메이션 분야에서 많이 활용됨 - ArchiCAD와 Add-on을 통해 양방향 연동이 가능함	www.maxon.net
Lightworks	EditShare LLC	- 배경 이미지와 모델 결합 가능함 - 렌더링 속도가 빠르고, 높은 Quality 구현이 가능하지만 실제 Photo quality를 위해서는 외부 렌더링 소프트웨어가 요구됨 - ArchiCAD에 내장된 소프트웨어	www.lightworkdesign.com
Maxwell Render	Maxwell Render	- Viz/Max, ArchiCAD, Rhino, Form-Z, Sketch up 등에 적용 가능한 다양한 Plug-in 보유 - 현실의 빛을 물리적으로 파악해 극사실적인 렌더링 구현이 강점이나 작업속도가 느림 - 작업속도가 느린 것은 Network 작업기능이 탁월하므로 병렬 렌더링 가능함	www.maxwellrender.com
Maya	Autodesk	- 3D 모델링 도구 - 애니메이션, 렌더링 등 기능으로 영화제작에 많이 활용 - MEL이라는 자체언어를 가지고 있어 사용자가 쉽게 모든 것을 제어 가능함 - 캐나다 Alias/Wavefront가 합작하여 개발 후 Autodesk가 인수 합병	www.autodesk.co.kr
Mental Ray	Nvidia	- 빛 추적 계산을 통한 현실적인 이미지를 만드는 레이트레싱(Raytracing) 방식 - Autodesk 제품군에 기본 통합되어 있으나 독립형 버전도 있음	www.nvidia-arc.com

4. 간섭체크

소프트웨어명	개발사	주요 내용	홈페이지
Digital Project	Gehry Technologies	- 3D 저작도구로, 간섭 체크 및 검토기능 제공 - 간섭사항 추적관리 가능	www.gehrytechnologies.com
Navisworks	Autodesk	- 간섭 체크 및 4D 시뮬레이션 기능 제공 - Revit 및 ArchiCAD 등과 호환 가능(별도 Add-on 필요)	www.autodesk.com
Solibri Model Checker	Solibri	- IFC 기반 Model checker(간섭, 법규 등 룰 체크 가능) - 사용자가 정의한 Rule 체크 가능 - 표준 IFC 인터페이스를 사용하여, IFC를 지원하는 BIM 소프트웨어 모델을 불러들일 수 있음	www.solibri.com
Vico Office	Trimble (Vico Software)	- 4D/5D 툴이면서 간섭 체크 가능 - 시공성 분석, RFI 추적(Tracking), 보고서 양식 리포팅 가능 - 최근 Vico Software에서 Trimble사로 인수됨	www.gehrytechnologies.com
XDSpace	DDRsoft	- 평면(2D)과 입면(3D)의 정합검토, 공종 간 인터페이스 및 간섭검토 기능 제공 - 조건별 3D 시뮬레이션	www.ddrsoft.co.kr

5. 피난/배연 시뮬레이션

소프트웨어명	개발사	주요 내용	홈페이지
Building Exodus	Greenwich 대학	- 피난 시뮬레이션 제공(피난 경로, 개구부 개수, 사이즈, 제실자의 수에 따른 피난 시간 시뮬레이션) - 개개의 점유자/인구밀도/연기와 온도분포 표시 가능 - 일반 출구와 비상시 출구를 구별하고 점유자 친밀성에 따라 출구 이용을 할당 가능함	www.fseg.gre.ac.uk
PathFinder	Thenderhead	- 피난 시뮬레이션 제공(피난 경로, 개구부 개수 · 사이즈, 제실자의 수에 따른 피난 시간 시뮬레이션)	www.thunderheadeng.com
PyroSim	Thenderhead	- 화재시, 배연 시뮬레이션(연기의 유동, 화염 확산 등)	www.thunderheadeng.com
Simulex	IES4D	- 제연시간, 대피시간 산출 도표, 그래프 등의 데이터 산출 - 거주자 피난 가상 시뮬레이션 - 타 프로그램에 비해 상대적으로 사용이 간단함	www.iesve.com

6. 4D 시뮬레이션

소프트웨어명	개발사	주요 내용	홈페이지
Digital Project	Gehry Technologies	- 추가기능(Add-on) 제품인 Construction Planning and Coordination을 이용하여, Primavera나 MS Project의 공정 데이터와 연결함으로써 4D 시뮬레이션 기능 제공 - Primavera나 Project의 공정에 변화가 생기면 연결된 Digital project의 모델도 갱신됨	www.ehrytechnologies.com
Navisworks	Autodesk	- 시각화 환경 제공 - 자동, 수동으로 다양한 공정 소프트웨어에서 불러들인 공정과 BIM 모델 연결 지원. - 수동연결 시, 작업량이 많아 사용자에 불편	www.autodesk.com
Project 4D Construct Sim	Bentley	- 간섭분석, 야적객체(Laydown object) 추가, 애니메이션, 4D 동영상 생성 등 특화된 기능 제공 - 4D 연결을 위한 수동 및 자동기능 제공 - 팀 구성원에게 4D 뷰어 모델 배포 가능 - Common Point사에서 벤틀리로 합병됨	www.bentley.com
Synchro 4D	Synchro	- 가장 정교한 공정계획 기능 제공 - 리스크와 자원분석기능 제공 - Primavera, Asta, MS project 등과 동기화 가능	www.synchroltd.com
Vico Office	Trimble (Vico Software)	- LOB를 지원하는 공정관리 기능과 연계(MS project, Primavera 연계 가능) - EVMS 기반 공정 시뮬레이션 가능 - 진도관리, 자원할당/평준화 등의 기능 제공 - ArchiCAD, Revit, Tekla, CAD Duct와 파일 호환 가능 - YIT 건설사 사내 시스템으로 15년 이상 사용되던 시스템을 상용화 - 최근 Vico Software사에서 Trimble사로 인수됨	www.vicosoftware.com
Virtual 4D Simulation	Dassault systems	- MS project 또는 Primavera와 연계 가능 - 공정과 객체 간의 문제점 도출 기능 제공(객체가 2개 이상의 작업에 할당되거나 할당되지 않은 객체추출 등)	www.3ds.com

7. 5D 수량 산출 및 견적

소프트웨어명	개발사	주요 내용	홈페이지
BIM Authorizing Tool (ArchiCAD, Revit, Digital Project, Microstation 등)	-	- BIM 저작 도구의 대부분은 일람표 또는 Spreadsheet (excel 등) 형태의 물량산출 정보 제공 - 단, 내역 등과의 연계는 추출된 물량을 기반으로 사용자가 할당하여야 함	www.accurender.com
FIN 8.0, RC 8.0	고려전산	- 국내에서 가장 많이 사용되는 고려전산 견적 프로그램과 BIM 도구 간의 연계를 통한 물량산출 및 견적 기능 제공 (ArchiCAD, Revit 지원) - 2D 기반 견적 방식과의 혼용을 통해, BIM 모델에서 표현되지 않는 객체에 대한 견적지원(철근 등)	www.koreasoft.co.kr www.5dwith.com
Innovaya	Innovaya	- Innovay사에서 제공하는 Visual Quantity Take-off, Visual Estimating, Design Estimating 등의 모듈	www.innovaya.com
MIDWARE	유미드 시스템	- 2D 견적 시스템과 BIM 모델(Revit, Microstation 지원)과의 연계를 통한 물량산출 및 견적기능 제공 - 4D와의 연계기능 및 진도관리기능 제공	www.unid.co.kr
TOCOMAN	Tocoman	- 핀란드에서 개발되어 사용되는 물량산출 및 견적용 소프트웨어 - Revit, ArchiCAD, Tekla Structures와 연계됨 - 내역 DB와 BIM을 연계하는 방식으로, 다(多)대 다(多) 연결 지원	www.tocoman.com
Maya	Autodesk	- 3D 모델링도구 - 애니메이션, 렌더링 등 기능제공으로영화제작에많이활용 - MEL이라는 자체언어를 가지고있어 사용자가 쉽게 모든 것을 제어가능 -캐나다 Alias/Wavefront가 합작하여 개발 후 Autodesk가 인수합병	www.autodesk.co.kr
Vico Office	Trimble (Vico Software)	- BIM 데이터를 받아들여 물량산출, 견적, 대안 시뮬레이션 등의 기능 제공 - BIM 모델의 분할 및 결합기능을 통해, BIM 모델의 LOD 문제점을 일부 보완 가능 - 4D와 연계 가능한 모델 제공 - 엑셀 파일과 연동을 통한 다양한 데이터 활용 가능 - 3D 모델과 연동을 통해 부재별 정보 확인 가능 - 각 설계 대안별 물량, 비용 비교 가능 - 2012년 Trimble사에 인수됨	www.vicosoftware.com

8. 친환경 분석

소프트웨어명	개발사	주요 내용	홈페이지
EcoDesigner	Graphisoft	- ArchiCAD Add-On 에너지 분석 애플리케이션 - 에너지 분석, 탄소배출량, 열부하 계산, 공기흐름 분석, 에너지 비용 견적 등의 기능 제공 - 최근 기능을 개선하여 EcoDesingner Star 버전은 LEED 인증 툴로 등록 - 단면부 열전달 시뮬레이션 분석 기능 제공	www.graphisoft.com
Ecotect Analysis	Square One Research	- IES와 유사 기능 제공 - 일영, 반사 분석과 Shading 디자인 - 기후정보, 에너지, 물 그리고 웹 서비스 기반의 탄소 절감 분석 - 에너지 등급 계량화 및 분석 (LEED credit 계산) - 2008년 Autodesk사에 인수됨	www.autodesk.com
EnergyPlus	미국 에너지성 (DOE)	- 미국 에너지성(DOE)에서 제공 - 에너지, 열부하, 자연환기 등의 분석 가능 - 동적/정적 분석이 가능하며, 정확도가 높으나 입력 데이터가 많아 해석시간이 많이 걸리는 단점이 있음	apps1.eere.energy.gov/buildings/energyplus
eQuest	DOE2	- 에너지, 전기소비량 및 탄소배출량 분석, 열부하 계산, 햇빛 요소, 자연환기 분석 등의 기능 제공	doe2.com
Green Building Studio	Autodesk	- Web-based 에너지 분석 툴 - 디자인 초기단계에서 탄소배출량 및 에너지 프로파일 평가 가능 - Revit Platform과 연계	www.autodesk.com
IES Virtual Environment	Integrated Environmental Solutions	- 에너지, 탄소배출, 열부하, 향, 기류, 일조/일사 등에 관한 종합적 분석 가능 - 열 획득 및 손실 시뮬레이션을 통한 덕트와 파이프 크기 정보 제공	www.iesve.com

9. 구조 해석

소프트웨어명	개발사	주요 내용	홈페이지
ETABS	Computer and Structures	- 객체기반 모델링 기능 제공 - 일치하지 않는 모델링, 분석, 설계처리 과정을 직관적인 인터페이스로 구축 - 다양한 하중 코드 라이브러리 제공 - 넓은 범위의 비선형적 거동을 다룰 수 있음	www.csiberkeley.com
Midas Gen	Midas IT	- 국내에서 가장 범용적으로 사용되는 해석 소프트웨어 - 다양한 제품군을 통해 전문구조해석 및 상호호환에 유리 - 유한 요소 해석 지원 - BIM과의 호환에 최근 기능이 업그레이드되고 있음	www.midasuser.com
Risa 3D	Risa Technologies	- Risa 3D/Floor/Foundation로 구분되어 있음 - 콘크리트, 철골, 목재 부분 구조해석 - 사용이 용이하여 모델의 정보입력과 업데이트 시간 및 비용절감 가능	www.risatech.com
SAP 2000	Computer and Structures	- 1970년 처음 Release 시작 - 토목구조물에 적합 - 객체기반 모델링 기능 제공 - 동적, 정적, 비선형 해석 지원	www.csiberkeley.com
Scia	Nemetchek	- Allplan 전체 플랫폼으로 구성 가능하여 기본도면, 렌더링, 상세시공도, 수량추출, 적산을 연속으로 가능	www.nemetschek.com

10. 구조 모델링

소프트웨어명	개발사	주요 내용	홈페이지
Allplan Engineering	Nemetchek	- AEC(Architecture, Engineering, Construction) 및 에너지 부분 모듈을 하나의 프로그램으로 구동 가능 - 철근 모델링에 있어서 템플릿을 통해 자동으로 배근이 가능하며 이에 대한 상세도, 물량산출이 실시간 가능 - 최근 기능 업데이트로 수정기능 강화	www.nemetschek.com
Bentley Structures	Bentley	- Tri-Forma engine을 기초로 개발 - 다양한 복합구조 형상 및 배치 가능 - R.C조, 철골조 등 다양한 구조시스템의 해석관련 데이터 호환 가능 - 인장 및 케이블 지지형상, 곡면 콘크리트, 철골 제조 지원 - RAM steel 및 STAAD 등 소프트웨어(Bentley 소프트웨어)와 직접 호환됨	www.bentley.com
Bentley RAMSteel	Bentley	- 철골 및 콘크리트 구조분석을 위한 통합 엔지니어링 소프트웨어 - 반복적 구조 설계작업 자동화 지원 - 구조 도면화 및 부재 최적화 지원	www.bentley.com
Bentley Rebar	Bentley	- 철근 배근 모델링 및 스케줄링 지원 - 상세요소 검색 지원	www.bentley.com
Midas M&D	Midas IT	- 국내에서 개발된 철근제작도(SHOP drawing) 소프트웨어 - RC 주요 수량 철근, 형틀, 콘크리트 산출 가능 - 마이다스 아이티 인하우스(In-House) 소프트웨어	www.midasuser.com
Rebar Hub	창소프트웨어	- 국내에서 개발된 철근제작도(SHOP Drawing) 소프트웨어 - RC 주요수량 철근, 형틀, 콘크리트 산출 가능 - 창 소프트웨어 인하우스(In-House) 소프트웨어	-
Revit Structures	Autodesk	- 구조 엔지니어링을 위한 Revit 플랫폼 - Revit Architecture가 가진 성능 대부분을 가지고 있으며, 구조적 아이템(하중, 기초, Rebar, Boundary conditions, Custom trusses 등)이 추가되어 있음 - 기본 구조해석은 가능하나 전문해석을 위해 구조해석용 모델(Stick model) 생성 가능	www.autodesk.com
Robot Structural	Autodesk	- 오피스빌딩과 같은 다층구조물의 해석에 유용하도록 개발 - Beam, Column, Brace 등의 철구조와 콘크리트 설계 계산을 포함	www.autodesk.com
Tekla Structure	Trimble (Tekla)	- 철골조의 골조 접합부 자동생성, 프리캐스트 콘크리트, 철근콘크리트의 철근 및 접합부의 자동생성 기능 제공 - 프리캐스트 콘크리트 구조부재와 외장부재의 제조수준 디테일까지 생성가능 - 시공상세도(SHOP drawing) 및 도면 생성 가능 - 철근 부분에 대한 자동화 기능이 약하고, 국내 디테일에 관한 데이터베이스 미비로 철골에 비해 많이 사용되지는 못함 - 간섭 체크(Clash check) 기능 제공 및 유한 요소 해석 소프트웨어인 STAAD-Pro와 ETABS와 연결 지원 - 최근 Trimble사에 인수됨	www.tekla.com

11. MEP(Mechanical, Electrical, Plumbing)

소프트웨어명	개발사	주요 내용	홈페이지
ArchiCAD MEP Modeler	Graphisoft	- MEP 모델링을 위한 ArchiCAD의 Add-on 형태 소프트웨어 - 형상 디자인 중심의 기능 제공 - AutoCAD MEP, Revit MEP 파일을 Import 가능 - 건축, MEP 간 충돌 탐지기능	www.graphisoft.com
Bentley Building Mechanical Systems	Bentley	- MEP 모델링을 위한 Microstation 플랫폼 - HVAC 및 각각의 Piping, Sizing 등 기능 제공	www.bentley.com
DDS-CAD	Data Design System	- MEP 모델링뿐만 아니라 도면화 부분에 강점 - IFC 파일을 통해 각 BIM 툴과의 호환 가능 - 도면, 배선도, 일정, Visualizations 및 수량 산출 기능 - 객체 간 자동연결 기능 등 모델링 작업성 상대적 우수	www.dds-cad.net
Revit MEP	Autodesk	- 설비, 덕트, 파이프, 조명 등을 위한 Revit 플랫폼 - 에너지 분석 및 시스템 부하 평가 가능 - 기계 시스템, 덕트 및 전기조명, 전기배선 레이아웃 및 간섭 확인 가능	www.autodesk.com
Trace	Trane	- HVAC 부하계산 기능 제공 - gbXML 파일 호환을 지원하지만, 주로 사용자가 직접 입력한 데이터에 의존	www.trane.com

12. 토목 엔지니어링

소프트웨어명	개발사	주요 내용	홈페이지
ABimTemp	한길 IT	- 국내 업체 개발 - 토목/건축 흙막이 가시설 설계에 최적화 - BIM 모델에 보조로 흙막이 가시설 설계를 하도록 구현 - 설계지원, Shop DWG, 시공, 유지관리에 대한 사항 지원 - IFC 파일을 통해 호환	www.aroad.co.kr/
Allplan Engineering	Nemetchek	- 디지털 지형 모델(DTM) 자동생성 - 측량 데이터에 기반한 지면 포인트 자동 삼각분할 메시 생성 - 성토, 절토량 자동계산 및 단면도 자동생성 - 철근배근, 구조도면 생성 및 Add-on을 통해 거푸집 자동설계 가능 - Allplan BCM을 통해 유지관리 연계 가능 - BAMTEC 등의 시스템과 연계하여 철근배근 자동생산 시스템 연계 가능	www.nemetschek.com
AutoCAD Civil 3D	Autodesk	- AutoCAD ADT 형태로 개발되어 제공됨 - 지형공간 및 우배수 분석, 수량산출 등의 기능을 제공하며, what-if 시나리오 적용 가능 - 팀 협업 지원 및 동적 수량산출과 토목공사량 계산지원	www.autodesk.com
Bentley Civil MX Products	Bentley	- 부지설계부터 도로설계 및 상, 하수도 관련시설에 이르기까지 광범위한 적용 - 한국 설계기준을 탑재, 사용자가 변경되는 설계기준에 맞게 입력 가능하며 설계기준에 의한 선형검토가 가능 - 구간별 토공량 계산 가능 - Microstation I RAS/B, Descartes를 사용하여 도형 제작 가능 - LEAP Bridge등의 데이터를 InRoads로 불러와 적용 가능 - InRoads, GEOPAK, MXSite 등	www.bentley.com

13. 유지관리(FM)

소프트웨어명	개발사	주요 내용	홈페이지
Archibus	Archibus	- 기존의 2D 도면 등을 이용하여 운영되던 유지관리 시스템으로, 최근 BIM 데이터와 연계가 시도됨 - 실무적용 시, BIM과의 연계는 발주자의 요구사항에 따라 보완되기도 함 - 부동산/임대관리 지원, 공간관리, 도면관리, 가구/설비관리, 빌딩운영관리, 재난, 모바일 기반 유지관리 기능 등 다수 기능 제공	www.archibus.com
ArchiFM	vintoCON	- ArchiCAD 기반의 부동산 및 임대관리 지원 - 각 시설물, 재산에 대한 정보관리 - 부동산/임대관리 지원, 공간관리, 도면관리, 가구/설비관리, 빌딩운영관리, 비상계획, 유지관리 기능 등 다수 기능 제공 - SQL을 통한 액서스 옵션	www.vintocon.com
FMDesktop	Autodesk	- 시설물 정보공유, 모델에 유지관리 정보 업데이트 지원, 공간 및 자산관리 기능 제공 - Access, SQL, Oracle 활용 - 각 부재의 속성, 층, 구역, 공간, 인원, 비용 및 에너지 소비에 대한 정보관리 - DWF를 통한 파일 호환	www.autodesk.com
TriRiga (WPMTM)	IBM (TriRiga)	- TriRiga Workplace Performance Management - 시설물의 규모 결정, 비용 지출관리 등 부동산자산관리 기능 제공 - 설비제어 및 부동산 관리 소프트웨어 - 금융자산관리, 관리요소 파악 및 비용과 소비에 대한 모니터링 기능 - 최근 IBM사에 인수	www-01.ibm.com

참고문헌

제1장

Finith E. Jernigan (2007), Big BIM little BIM: the practical approach to building information modeling: integrated practice done the right way!, 4 Site Press.

국토해양부 (2010), 건축 분야 BIM 적용 가이드, 국토해양부

이강 (2011), BIM(43가지 질문으로 읽는), pixelhouse

진상윤 (2007), 가상건설 연구단 세미나 발표자료, 가상건설 연구단

M. Riese, D. Peake (2007), 3D BIM— Virtual Design and Construction — Gehry Technologies Experience, SimTecT 2007 Simulation Conference (SimTecT 2007) Brisbane, Queensland, Australia

George Elvin (2007), Integrated Practice in Architecture: Mastering Design-Build, Fast-Track, and Building Information Modeling, Wiley Publishing, Inc.

N.W. Young Jr. · S.A. Jones · H.M. Bernstein (2008), Building information modeling (BIM) — transforming design and construction to achieve greater industry productivity, SmartMarket Report, McGraw Hill Construction, Bedford, MA, pp. 48.

Brad Hardin (2008), BIM and Construction Management: proven tools, methods, and workflows, Wiley Publishing, Inc.

Eddy Kriygiel · Bradley Nies (2008), Green BIM: successful sustainable design with building information modeling, Wiley Publishing, Inc.

Chuck Eastman · Paul Teicholz · Rafael Sacks · Kathleen Liston (2008), BIM Handbook, A Guide to Building Information Modeling for Owners, Managers, Designers, Engineers, and Contractors, John Wiley & Sons, Inc.

Dana K. Smith, Michael Tardif,(2009), Building Information Modeling A Strategic Implementation Guide for Architects, Engineers, Constructors, and Real Estate Asset Managers, Wiley Publishing, Inc.

Ghang Lee, Harrison Kwangho Park, Jongsung Won (2012), "D3 City project – Economic impact of BIM-assisted design validation Automation in Construction, 22, pp. 577–586.

(사)빌딩스마트협회 (2011), 건설의 아바타, BIM, 건설경제

가상건설시스템 개발 연구단 (2010), 가상건설시스템 개발 연구단 최종보고서, 국토해양부

김성아 · 양병혁 · 진상윤 · 윤수원 (2012), Hype-Cycle을 통해서 본 국내 BIM 현황과 향후 발전 방향에 관한 연구, 한국 BIM 학회 정기학술 발표대회 논문집, 제2권 1호, pp. 73~74.

김인한 외 (2008), BIM의 실무적용을 위한 기반기술, 도서출판 디자인 APP, pp.167

김인한 (2010), BIM의 개념과 역사, 대한건축학회지 建築, 제54권 1호, pp. 16~21.

김인한 · 서종철 (2007) 최신 건축 건설 정보기술 가이드북, 구미서관

(사)빌딩스마트협회, http://buildingsmart.or.kr (IFC-BIM 기술 개요)

제2장

Vico Software, http://www.vicosoftware.com

윤수원 · 진상윤 · 박재현 · 최철호 (2011), 시공단계의 해외 BIM 수행 계획서 요청 사례 고찰, 한국BIM학회 정기학술발표대회 논문집, 제1권 1호, pp. 1~2.

PENNSATATE University(2010), USACE BIM Project Execution Plan, USACE (US Army Corps of engineers)

노현우 (2010.11), BIM 확대 적용방안, 포스코 건설 건축사업본부

노현우 (2011.06), BIM 추진계획, 포스코 건설 건축사업본부

노현우 (2012.02), 2012년 본부 BIM 추진계획(BIM 인프라구축 중심으로), 포스코 건설 건축사업본부

금대연 (2012), 포스코 그린빌딩 BIM 용역 완료보고, 포스코 건설

노현우 (2011.08), BIM 교육 평가계획, 포스코 건설 건축사업본부

제3장

박준석 · 박정준 (2009), 비정형 건축물의 설계 프로세스, The BIM 2009 (Spring), (사)빌딩스마트협회.pp.29

김동휘 (2009), 비정형 건축물 시공에 관한 연구(인천 세계도시 축전기념관을 중심으로), 포스코 건설 사내 논문집,pp.3~16.

노현우 (2013), 포스코건설 BIM 도입과 확산전략, ArchiCA 기반 한 · 일 국제 BIM 컨퍼런스, GRAPHISOFT,(주)두올테크 pp.84

권방호 (2010), 시공단계의 BIM 적용, 대한건축학회지 建築, 제54권 8호, pp. 38~44.

서혜수 (2011), 건축물의 BIM 적용성 평가 연구 완료보고서, 포스코 건설,pp. 11~26.

노현우 (2010.11), 남양주 별내 더샵 BIM 적용성 평가 완료 보고서, 포스코건설

노현우 (2012), BIM 파일롯 프로젝트 보고서, 포스코 건설, pp.15~115

제4장

노현우 (2011) , 포스코건설 모바일 현장관리시스템 완료보고서, 포스코건설

노현우 (2013), 포스코건설 BIM 도입과 확산전략, ArchiCA 기반 한 · 일 국제 BIM 컨퍼런스,GRAPHISOFT, (주)두올테크 pp.82~85

감사드릴 분

[포스코건설]	
전사 BIM 추진반	조용일, 이지아
건축 사업그룹	정문홍
건축 연구그룹	서혜수
트라이볼	김동휘
송도 센트럴파크 Ⅱ	김정민
한성 백제박물관	곽경미
인천 아트센터	정진숙
판교 엔 스퀘어 1단계	홍삼순
[포스코 에이엔씨]	심원보
[두올테크]	최철호, 황본명, 허은영
[마이다스 아이티]	김종현
[엠티엠 디지털 컨스트럭션]	권방호
[지오 시스템]	강동훈
[한미 글로벌]	김성아
[성균관대학교]	진상윤

BIM in Practice 실무에서의 BIM

2013년 4월 19일 제1판 제1쇄 발행

집 필 처 | (주)포스코건설
집필위원 | [건축사업본부] 시대복, 손주혁, 최형철, 윤창섭, 박종진, 노현우, 금대연
[R&D 센터] 김현배, 이종인, 윤수원
감 수 처 | (사)빌딩스마트협회
감수위원 | 김인한 (경희대학교 건축학과 교수)
김우영 (한국건설산업연구원 건설관리연구위원)

발 행 인 | 문형진
발 행 처 | 도서출판 세진사
주 소 | 서울특별시 성북구 보문동 7가 112-8 세진빌딩, 우편번호 136-087
(등록 1976. 9. 21 · 제6-28호)
전 화 | 922-6371~3, 923-3422·7224
팩 스 | 927-2462
이 메 일 | sejinbook@naver.com

ISBN 978-89-7121-764-1 93540
값 22,000원